国家科学技术学术著作出版基金资助出版

多种雷达集成技术在中国南方暴雨监测中的应用

刘黎平　王改利　胡志群　王红艳
邱崇践　周海光　肖艳姣　庄　薇　著
仲凌志　江　源　张志强

气象出版社
China Meteorological Press

内容简介

本书从雷达探测暴雨、台风中尺度结构及其临近预报的需求出发,从新一代天气雷达在灾害天气监测和预警中的应用和雷达新技术的发展,特别是新一代天气雷达质量控制和三维基数据拼图、毫米波雷达及其在云探测中的应用、双线偏振雷达资料分析方法和应用研究等方面介绍了国内的最新研究成果。本书对雷达遥感研究、雷达技术发展、雷达在暴雨监测中的业务应用等方面均有重要参考价值,是雷达气象方面的研究生、预报员和雷达技术人员的重要参考书。

图书在版编目(CIP)数据

多种雷达集成技术在中国南方暴雨监测中的应用/刘黎平等著.
北京:气象出版社,2012.5
(我国南方致洪暴雨监测与预测的理论和方法研究系列专著;4)
ISBN 978-7-5029-5485-7

Ⅰ.①多… Ⅱ.①刘… Ⅲ.①气象雷达-应用-气象灾害-监测
Ⅳ.①P429-39

中国版本图书馆 CIP 数据核字(2012)第 093711 号

Duozhong Leida Jicheng Jishu zai Zhongguo Nanfang Baoyu Jiancezhong de Yingyong

多种雷达集成技术在中国南方暴雨监测中的应用

刘黎平 王改利 等 著

出版发行:气象出版社
地　址:北京市海淀区中关村南大街 46 号　　　　**邮政编码**:100081
总编室:010-68407112　　　　　　　　　　　**发行部**:010-68406961
网　址:http://www.cmp.cma.gov.cn　　　　　**E-mail**:qxcbs@263.net
责任编辑:李太宇 王祥国　　　　　　　　　　**终　审**:周诗健
封面设计:蓝色航线　　　　　　　　　　　　　**责任技编**:吴庭芳
责任校对:永　通
印　刷:北京中新伟业印刷有限公司
开　本:787 mm×1092 mm　1/16　　　　　　　**印　张**:9.25
字　数:240 千字
版　次:2013 年 10 月第 1 版　　　　　　　　　**印　次**:2013 年 10 月第 1 次印刷
定　价:48.00 元

序

中国气象科学研究院主持的"国家重点基础研究发展计划"项目（即"973"项目）"我国南方致洪暴雨监测与预测的理论和方法研究"（2005—2009 年）课题组在暴雨的遥感监测技术、南方暴雨的结构与机理研究、暴雨预报理论和方法以及我国南方暴雨野外科学试验等方面取得了一系列重要研究成果，其中包括遥感监测和数值预报模式系统的应用软件系统，在国内外重要学术刊物上发表的 702 篇学术论文（其中 SCI 文章 212 篇）。在此基础上，课题组专家又进一步总结、完成了研究成果系列专著。这套系列专著反映了我国近年来在暴雨机理、监测与预测方面的最新研究成果，并将研究成果与提高气象观测预报业务能力相结合，注重研究成果的业务应用，体现了国家"973"项目面向国家需求的正确方向，也体现了项目组研究人员对基础研究成果在气象业务中应用的重视。为此，我对该课题组取得的丰硕研究成果和系列专著的出版表示由衷的祝贺，也对课题组为研究成果的应用所付出的努力表示衷心的感谢。这套系列专著既对深入研究我国暴雨问题起着进一步推动作用，又对于大气科学及相关领域的科研、业务、管理人员以及广大读者来说，具有很好的参考价值。

在近代科学发展中，基础科学具有根本性的意义，是一切科学技术创新的源泉。开展基础科学研究对于整个学科的发展具有很重要的意义。如何将大气科学基础研究的成果转化为气象业务应用技术，这是大气科学领域科学家们面临的现实问题。如何把大气科学及相关交叉学科的基础研究成果应用到各种尺度的大气现象及其运动的监测，并做出正确的预测，这更是中国大气科学领域科学家们必须面对并努力解决的问题。科学家的责任在于从科学实践中不断推进科学基础研究的进步，并造福于人类。因此，我很高兴地通过这套系列专著看到，我国有一批大气科学研究的科学家从提升气象业务能力出发研究大气科学的基础问题，推动基础研究成果应用于实际气象业务中。这确实是大气科学研究本身进步的表现。

当前，我国气象工作者正在按照国务院提出的"到 2020 年，要努力建成结构完善、功能先进的气象现代化体系"的战略目标努力工作。要实现这一宏伟目标，必须依靠科技进步的推动，其中要努力解决气象业务服务中的一系列基础科学问题。因此，重视国家重大项目的研究，包括国家"973"项目的研究，对于提升我国气象业务服务能力和水平，加快实现气象现代化具有十分重要的意义。中国气象局将继续支持广大科技工作者围绕气象业务服务需求，开展大气科学基础理论研究、应用研究和研究成果的推广应用。

郑国光

（中国气象局局长）

2012 年 4 月于北京

目　录

第1章 绪 论

暴雨、台风、强对流天气是我国的重要灾害天气过程,而中尺度系统是造成大到特大暴雨、大风、雷电等灾害天气的主要原因,其突发性、频繁性及其时空尺度小是造成目前业务上很难捕捉到的重要原因。以雷达为主的主动遥感是观测和研究暴雨等灾害天气中尺度结构及其演变的重要手段,我国新一代天气雷达网基本布设完成,并在灾害天气的监测、预警和短时临近预报等方面发挥了重要作用。随着雷达技术的发展,双线偏振雷达、毫米波测云雷达等新的探测手段和技术也逐渐被应用到大型科学试验中,并逐步在天气预报、预警业务中应用。这些先进的探测技术为灾害天气中尺度系统监测和预警提供了新的手段。

1.1 研究意义与现状

我国是暴雨、冰雹、龙卷等中尺度灾害性天气多发的地区,东部、南部沿海地区受登陆台风影响严重,江淮流域受暴雨影响非常严重,提高对这些灾害性天气发生、发展的监测和预警预报服务能力,对我国防灾减灾有着十分重要的意义。监测、预报和研究中尺度天气系统一直是气象工作者的重要任务,也一直是大气科学中的一大难题,我们面临的主要困难是对这类空间尺度为几千米乃至几十千米的强对流系统的三维结构、发生发展的机理,以及强对流云团中发生了什么样的微物理过程都了解甚少。在探测人类赖以生存的大气的各种实践中,雷达以其时空分辨率高、具备能及时准确地遥感探测能力,成为灾害性天气,特别是中小尺度灾害性天气监测和短时天气预报等方面极为有效的工具。我国自20世纪50年代开始,天气雷达就被应用于气象领域,先后发展了常规天气雷达、多普勒雷达、双线偏振雷达及其以云探测为目的的毫米波雷达,促进了气象工作者对下击暴流、龙卷、超级单体、冰雹、飑线和中尺度对流系统等天气现象的理解和认识,提高了对灾害性天气的预报、警报能力。

1.1.1 多普勒天气雷达研究

20世纪50年代末,人们就开始了把多普勒原理应用到天气雷达探测上的研究和试验,以探测目标物的移动速度,直到70年代末,数字技术、信号处理技术和计算机技术的发展,为多普勒天气雷达在气象观测中的使用创造了条件。80年代初,美国开始设计气象使用的多普勒天气雷达,称为下一代天气雷达,型号定为WSR-88D,并于1988年开始批量生产布站,截至1997年底已完成165部的布站组网任务,建成了下一代天气雷达监测网。下一代天气雷达网的布设,大大提高了对灾害性天气,尤其是暴雨和龙卷的预报能力,也在空中交通安全,飞行器流量控制,军事基地资源保护,以及水利、农业、林业和除雪管理等方面发挥了作用。加拿大、俄罗斯和印度等国在其影响下,也非常重视发展本国的多普勒雷达。加拿大的多普勒天气雷达在技术和资料格式上与美国完全一致,可以方便地交换和共享雷达网资料。俄罗斯将发展脉间相干的 C 波段、S 波段的多普勒天气雷达。日本也对天气雷达的发展极为重视,已开展多普勒天气雷达的研制工作。欧盟也加快了下一代先进天气雷达的研究步伐,早在 1993 年初,欧盟科技合作委员会(European Cooperation in Science and Technology,COST)就针对发展先进天气雷达网制订了一个五年联合研究计划,即所谓的 COST75 行动,其目的是协调和推进欧洲各国发展先进天气雷达系统,对天气雷达系统的实用性和可行性进行评估和研究,从而为欧洲下一代业务天气雷达制订高标准的功能规格要求。20 世纪 90 年代,欧洲数字化业务雷达就多达 100 部,其中多普勒雷达约占一半。为了使雷达资料在预报中得到充分利用,扩大受益面,欧共体加强了各国之间的合作,促进雷达观测资料在各国之间交换。

自美国下一代天气雷达投入业务应用,中国气象局就把眼光瞄准世界一流的多普勒天气雷达技术,1997 年中国气象局在认真调研的基础上,制定了《我国新一代天气雷达监测网站点布局方案》,自 1998 年以来开始布设新一代天气雷达网,以提高我国对突发暴雨、台风和大江大河的强降水预警等灾害性天气预报的时效性和准确性。目前我国已建成 156 部新一代天气雷达站,建成后的新一代天气雷达网将显著提高我国天气预报能力和水平,尤其在监测和预警突发性灾害天气、洪水预报中将产生巨大的社会效益和经济效益,同时在航空安全、军事活动、林业生态、水利水文、云水资源利用等方面都将产生显著的经济效益。我国气象工作者针对新一代天气雷达在多种灾害天气中尺度分析、临近预报方法和软件研究等方面做了大量工作。

基于我国新一代天气雷达业务系统,开展了雷达资料质量控制、三维拼图方法研究、雷达定量估测降水方法研究、多种临近预报方法研究、雷达资料同化方法研究、雷达在人工影响天气工作中的应用研究,并以这些研究成果为基础,研发了灾害性天气短时临近预报系统、新一代天气雷达业务系统。新一代天气雷达灾害天气预警预报业务系统在北京 2008 年奥运会和上海世博会等重要活动期间的气象服务中发挥了重要作用。

1.1.2　双线偏振雷达研究

考虑到多普勒雷达在定量估测降水、云和降水相态及滴谱参数探测等方面的不足,人们从 20 世纪 70 年代就开始了双线偏振雷达技术的研究。双线偏振雷达通过交替发射或同时发射水平和垂直偏振波,并接收两个偏振方向的回波信号的方法,可同时探测到降水系统的回波强度(Z_H)、差分反射率因子(Z_{DR})、差传播相移率(K_{DP})和水平垂直信号相关系数(ρ_{HV}),这些量直接反映了降水系统粒子相态、滴谱分布等微物理结构的变化规律,从而可以明显提高雷达资料质量、降水估测和相态识别的能力。

双线偏振雷达在国外已经被广泛应用到大气科学研究和业务中,双线偏振雷达工作模式从传统的"单发双收"模式逐渐向"双发双收模式"转变,双线偏振雷达的硬件技术、探测精度和资料分析水平发展迅速。美国在进行了大量的双线偏振雷达技术、对比等研究的基础上,开始了 WSR-88D 雷达的双线偏振技术改造,并对第一部双线偏振雷达 KOUN 的探测性能从多方面进行了检验;日本的 X 波段双线偏振雷达在探测降雪、梅雨锋暴雨等方面发挥了重要作用;英国、德国等也发展了自己的双线偏振雷达系统。同时利用双线偏振雷达反演降水粒子相态、降水强度估测等方面的方法研究也得到了迅速的发展。

我国在 20 世纪 80 年代就开始了双线偏振雷达基础理论研究工作,利用数字化雷达改造的双线偏振雷达开展了降水估测、降水粒子相态识别等方面的研究工作。在新一代天气雷达建设的同时,带有多普勒功能的双线偏振雷达研制及其应用工作受到了各方面的重视,雷达厂家研制了不同体制、不同波长的双线偏振雷达系统,我国已经有多种波长、多种工作模式的双线偏振雷达先后投入到外场试验和科研工作,并在应用研究方面取得了不少研究成果。如在973 项目"我国南方致洪暴雨监测与预测理论和方法研究"和气象行业专项"热带西太平洋观测系统试验与我国高影响天气可预报性研究"等支持下,利用 C 波段双线偏振雷达和 X 波段双线偏振雷达开展了暴雨、台风等灾害天气外场试验,我国科学家也在东北、西北甚至青藏高原开展了双线偏振雷达的观测和研究。

1.1.3　测云雷达研究

　　云过程的观测和研究是大气科学研究领域的热点和难点之一。云的研究工作复杂而又庞大,从宏观的云量、云状、云高、云速探测到微观云粒子物理、化学、光学、辐射特性等的研究至今仍然是云研究的重点。目前研究云的遥感手段主要有卫星、微波辐射计、机载下投式探空仪以及云幂测量仪,虽然它们可以获得云信息,但是其时间分辨率和空间分辨率都很低,不能穿透厚云的表层探测其垂直、水平尺度以及内部结构,不能准确反映时刻变化的云参数信息。利用毫米波测云雷达可以连续观测云的发生发展过程,并反演得到多种云参数,这些参数包括宏观上的云厚、云高、云量、云层数,微观上云粒子的大小、浓度、滴谱分布、冰与液态水的含量等。

　　有关毫米波测云雷达的外场试验在 20 世纪 70 年代就开始在欧美等发达国家展开,比较著名的有:20 世纪 90 年代初,英国中心实验室委员会(CCLRC)在奇尔伯顿(Chilbolton)联合天气雷达、激光雷达和微波辐射计等进行的云微物理学、天气学、中尺度动力学观测试验、云雷达和雷达实验(CLARE'98)、云特征实验 I&II、CWVC(云、水汽和气候)试验以及 CLOUD-MAP2 试验等。另外,德国基斯塔赫特 GKSS 研究中心于 1999 年研制了一部 3 mm 波长的偏振雷达用于观测层状云。法国由一部激光雷达和美国怀俄明机载云雷达组装成的双波长探测系统等也都进行了长期的外场观测。2006 年 NASA 地球系统科学探路者计划发射了一颗携带 3 mm 波长测云雷达的卫星——Cloudsat 用于从高空观测云的垂直廓线信息,它可以探测云中较小的水滴和冰晶粒子,特别是云粒子向降水转化的过程。近年来,日本、加拿大也多次参与了一些国际观测计划,如 SHEBA(Surface Heat Budget of the Arctic Ocean,北冰洋表面热量收支)、FIRE(First International Satellite Cloud Climatology Project Regional Experiment)等。这些外场试验在一定程度上改善了云资料的获取和科学问题的解决,并且已经取得了一些研究成果。

　　从 20 世纪 80 年代开始,我国开始重点发展军用毫米波雷达,其应用主要有近程防空、靶场测量、战地监视和导弹制导、火控和跟踪、机载防撞和高分辨率成像、空间目标探测以及战场敌我识别等。1979 年,中国科学院大气物理研究所和安徽井冈山机械厂合作研发了 X 波段和 Ka 波段(8.2 mm)双波长雷达,并进行了天气雷达和毫米波雷达观测云和降水结构的理论及观测对比分析,结果表明:即使在当时非常落后的毫米波器件条件下,毫米波雷达在探测近距离云细微结构等方面也优于天气雷达,该工作是我国首次利用毫米波雷达进行云的观测。由于受到当时毫米波雷达技术、数据采集技术和计算机技术的限制,该工作在定量探测和分析等方面略显不足。此后,国内关于毫米波雷达在云探测中的应用就几乎停止了。近年来,在新一代天气雷达正在成为灾害天气监测主要工具的同时,毫米波测云雷达的研制再次成为雷达气象研究的热点。从 2006 年起,我国气象研究单位和雷达厂商合作,研发了常规毫米波雷达、具有多普勒和偏振功能的 Ka 波段毫米波测云雷达,并开始了 W 波段毫米波雷达的研究,这些雷达已经被应用到云过程观测。如中国气象科学研究院灾害天气国家重点实验室于2008—2010年分别在广东东莞、珠海、北京、河北张家口、天津、内蒙古等地进行了云参数探测、地基雷达和机载雷达对比观测等试验性观测,获取了很有价值的雷达观测资料,并以这一系统为基础,开展了毫米波雷达资料处理方法、云水/云冰反演方法、云粒子识别等方面的研究。

1.2　内容安排

在国家973项目"我国南方致洪暴雨监测与预测的理论和方法研究"的支持下,中国气象科学研究院、兰州大学、中国气象局武汉暴雨研究所等单位合作,开展了多种雷达遥感反演技术及在暴雨、台风监测和分析中的应用研究工作。本书是在该项目资助下完成的已发表论文的基础上,经过重新归纳、提炼和整理形成的,以系统反映973项目在雷达监测方面的研究成果。在新一代天气雷达研究方面,本书主要介绍了新一代天气雷达资料质量控制和基数据三维拼图方法、风场反演理论和方法、临近预报方法;在雷达新技术方面,分别介绍了双线偏振雷达和毫米波雷达定标方法、雷达资料处理方法、云和降水参数反演等方面的工作;本书最后介绍了利用双多普勒风场反演方法,分析了暴雨、台风风场三维结构。另外,本书还得到了气象行业专项"热带西太平洋观测系统试验与我国高影响天气可预报性研究"、国家自然科学基金项目的支持。

1.3　本书章节和作者

本书共分为11章,除引言外,第2章至第5章,分别介绍了新一代天气雷达资料质量控制、新一代天气雷达基数据拼图的方法及其应用、基于两步三维变分的多普勒雷达三维风场反演方法及其过程分析研究、新一代天气雷达临近预报方法研究;第6章以强热带风暴"碧利斯"为例,介绍了以双多普勒雷达探测为基础的特大暴雨中尺度结构分析结果;第7章、第8章分别介绍了双线偏振雷达系统的测试和定标等关键技术问题,双线偏振雷达参数提取和在定量估测降水等方面的应用;第9和第10章分别介绍了毫米波雷达系统定标和测试方法,云和降水微物理结构参数反演方法;第11章对本书进行了总结。各章的撰写人为:第1章:刘黎平,第2章:刘黎平、庄薇、江源,第3章:王红艳、肖艳姣、张志强、庄薇,第4章:邱崇健、王红艳,第5章:王改利,第6章:周海光,第7章:刘黎平,第8章:胡志群、肖艳姣,第9章:刘黎平、仲凌志,第10章:仲凌志、刘黎平,第11章:刘黎平。各章初稿由王改利统稿,最终稿由刘黎平负责审定。

第 2 章　新一代天气雷达地物和电磁干扰的识别方法和效果

地物和电磁干扰是影响雷达降水估测和资料同化的重要因素,它经常使降水估测出现较大的误差,并造成回波跟踪的失败。为此,人们利用凹槽滤波器等硬件方法来处理地物回波。但大面积的地物滤波往往会造成径向速度为零的降水回波误差。为此,美国的 WSR－88D 雷达、我国的 SA 雷达等采用了事先规定区域的滤波方法,只在规定的区域进行滤波,从而尽量减小对降水回波的影响,这种方法对于雷达回波正常传播情况下的地物判断、处理效果比较好。但当观测区温度和湿度发生变化时,如出现高湿度的逆温层时,雷达波比正常传播时更折向地面,从而出现比平时更多、更强的地物超折射回波和海浪回波,它就成为了不可预测的严重影响降水观测的因素,它会使地物回波的位置发生变化,原来没有地物的区域会出现不容忽视的地物回波,由此常常引起对某些区域降水的严重高估,从而使雷达估测降水资料可信度下降。为解决上述问题,人们研究了多种地物回波的识别方法,如早期的 WSR-88D 软件中地物回波识别主要依靠回波的垂直变化(Fulton et al.1998),综合使用回波强度、径向速度和速度谱宽识别地物、海浪回波的模糊逻辑方法已在 WSR-88D 的 OPEN ORPG 系统中试用 (Kessinger et al.2003)。英国气象局的业务雷达为常规天气雷达,仅仅利用雷达回波强度的特征来逐点识别地物比较困难,为此,他们结合卫星和地面降雨资料进行地物的识别和消除 (Pamment et al.1998)。瑞士发展了业务雷达的资料质量控制方法以获取可靠的降水产品(Joss et al.1995)。其他的地物识别方法还可根据回波的三维结构来识别降水回波包围的地物回波 (Steiner et al.,2002)。

另外,电磁干扰和其他回波也是影响雷达资料质量的原因之一,周红根等针对中国新一代天气雷达(CINRAD/SA)在运行过程中出现的雷达回波异常情况,从新一代天气雷达受到外界电磁波的干扰、计算机系统、接收机系统、天伺系统等方面,来分析造成雷达回波异常的故障成因。在此基础上,归纳出该型号雷达在使用过程中出现回波异常时,雷达操作、维护人员应掌握的故障排查方法及技巧,以提高雷达数据的质量。

目前我国新一代天气雷达已进入业务运行,在灾害性天气监测、风场反演、定量估测降水和临近预报等方面均发挥了重要作用,但在新一代雷达上如何提高雷达资料的质量,特别是利用软件的方法有效地识别地物回波还没有开展。未经质量控制的雷达资料用于天气过程的定性分析和使用时问题还不大,有经验的预报员能凭经验掌握地物分布,消除其影响,但对于雷达资料的定量应用,如雷达资料的同化、水文预报等,地物和回波必须进行处理,否则会产生严重的误差。

在这一章中,我们分析了北京、合肥、广州、温州、天津的 SA 雷达和上海 WSR-88D 雷达的降水回波、地物回波、电磁干扰回波的特征,给出了识别地物的隶属函数,在 Kessinger 等 (2003)使用的识别地物的模糊逻辑方法的基础上,提出了分步式识别地物的方法,改进了地物回波识别的效果(刘黎平等,2007)。同时,发展了一种剔除电磁干扰回波的方法。

2.1　基于模糊逻辑的分步式地物回波识别方法

参考 Kessinger 等(2003)提出的模糊逻辑方法,提出了基于模糊逻辑的分步式地物回波识别方法。简单地讲,模糊逻辑方法就是从雷达资料(回波强度、径向速度和速度谱宽)中提取用于区分不同雷达回波如降水回波、地物和海浪回波等的物理量,然后根据降水回波、地物和海浪回波的特征设置隶属函数,对这些物理量进行模糊化处理,得到所有物理量对于不同类型回波的0～1取值范围的判据,该判据越大,该回波点属于这种类型回波的可能就越大。对这些判据进行加权累加,当某点的地物回波的判据超过事先给定的阈值时,该点就被识别为地物。

这里我们采用了与 Kessinger 等(2003)方法相同的反映地物和降水回波差异的物理量,它们包括:从回波强度中提取的四个物理量:回波强度的纹理(T_{DBZ})、垂直变化(G_{DBZ})、沿径向方向的变号(S_{IGN})、沿径向的库间变化程度(S_{PIN});从径向速度和速度谱宽中提取的三个物理量:径向速度的区域平均值(E_{MDV})、方差(E_{SDV})、速度谱宽的区域平均值(W_{MDS})。这些量的定义如下:

$$T_{DBZ} = \frac{\sum_{i=1}^{N_A} \sum_{j=1}^{N_R} (Z_{i,j} - Z_{i,j+1})^2}{N_A \times N_R} \tag{2.1}$$

$$G_{DBZ} = W(R)(Z_{up} - Z_{low}) \tag{2.2}$$

$$S_{PIN} = \frac{\sum_{i=1}^{N_A} \sum_{j=1}^{N_R} M_{SPIN}}{N_A \times N_R} \tag{2.3}$$

式中
$$M_{SPIN} = \begin{cases} 1 & |Z_{i,j} - Z_{i,j-1}| > Z_{thresh} \\ 0 & |Z_{i,j} - Z_{i,j-1}| \leqslant Z_{thresh} \end{cases}$$

$$S_{IGN} = \frac{\sum_{i=1}^{N_A} \sum_{j=1}^{N_R} M_{SIGN}}{N_A \times N_R} \tag{2.4}$$

式中
$$M_{SIGN} = \begin{cases} 1 & Z_{i,j} - Z_{i,j-1} > 0 \\ 0 & Z_{i,j} - Z_{i,j-1} < 0 \end{cases}$$

$$E_{SDV} = \left[\frac{\sum_{i=1}^{N_A} \sum_{j=1}^{N_R} (E_{MDV\,i,j} - \overline{E_{MDV}})^2}{N_A \times N_R} \right]^{1/2} \tag{2.5}$$

以上各式中 N_A、N_R 表示在方位和距离方向定义的计算范围,$Z_{i,j}$ 为任意点的回波强度,T_{DBZ} 主要反映回波强度的局地变化大小;Z_{up}、Z_{low} 为对应的本层和上层 PPI(平面位置显示)的回波强度,$W(R)$表示与距离有关的权重,G_{DBZ}反映了回波强度的垂直变化;Z_{thresh}为库间回波强度变化的阈值,一般取 2～5 dB,S_{PIN}反映了回波强度沿径向方向变化的一致性;S_{IGN}表示回波强度沿径向变化的变号;$E_{MDV i,j}$表示某点经过中值滤波处理的径向速度值,$\overline{E_{MDV}}$表示这一径向速度在这一范围的平均值,E_{SDV}为径向速度的方差。对于与回波强度有关的物理量,我们规定 $N_A=3,N_R=3$;对于径向速度和速度谱宽,$N_A=3,N_R=9$。在这些范围内,有效数据超过一定范围的才进行参量计算。

　　我们用这些物理量来表示地物及降水回波强度、径向速度和速度谱宽的取值范围及其水平和垂直方向变化的特征。一般来讲,地物回波的径向速度($\overline{E_{MDV}}$)接近零,速度谱宽(W_{MDS})比较小,T_{DBZ}比较大;而与地物回波容易混淆的水平比较均匀的层状云降水回波区的 T_{DBZ}值比较小。因为地物往往出现在低层,而且高层的回波强度通常远远小于地物的回波强度,所以地物的 G_{DBZ} 为负,且绝对值比较大;而较强的对流性降水的 G_{DBZ} 的绝对值就比较小,接近零;S_{PIN} 表示在这一范围内,相邻距离库的回波强度差异大于这一阈值所占的比例,S_{IGN} 表示沿径向方向增加的回波强度所占比例。

　　在我国 SA 雷达和美国 WSR-88D 的业务扫描模式中,在最低仰角的两次 PPI 扫描中,分别用了两个不同脉冲重复频率(PRF)进行扫描:第一次用低的脉冲重复频率,以探测大范围的回波强度;第二次用高的脉冲重复频率,以探测径向速度。在观测大范围降水过程中,经常会出现径向速度资料的距离模糊问题,导致在很多回波区,有回波强度数据、而没有可用的径向速度资料,这种情况的出现对地物识别造成了很大的困难。经过分析地物和地形海拔高度的关系我们发现超折射地物出现的区域具有方向性:在一些方向上,由于中尺度系统的移入,造成了大气环境的温度和湿度的垂直变化的改变,使这些方向会出现大面积的地物回波;而另外的方向就没有出现超折射地物,即使海拔高度高于出现地物回波的地方也如此。主要考虑到超折射地物具有方向相关性,假定在任意方向上某一段出现了地物回波,那么,这一方向出现地物回波的可能性也很大。为此,我们提出了分步式识别地物的思路,就是首先采用严格的标准,进行第一次识别地物回波和降水回波,然后对已经识别为地物和降水回波周围同一径向的回波点的判据进行调整,靠近已判断为地物的点增大判据值,判断为非地物回波的周围点减小判据值,利用调整后的判据和标准阈值再进行第二次识别,最后得出识别结果。

　　在实际计算这些参数过程中,针对 SA 雷达观测模式的特点,我们采取了如下计算方法:

　　(1)资料的配对

　　由于 SA 雷达和 WSR-88D 雷达在最低仰角扫描时,第一次和第二次是分别获取回波强度和径向速度的,回波强度和径向速度的资料不是一一对应的,而且,在计算 G_{DBZ} 时还要对比上下两层的回波强度,为此,我们将两次的回波强度、径向速度和速度谱宽资料进行处理,按照严格的 1° 的间隔顺次排列这些资料,以满足同一回波点回波强度、径向速度和速度谱宽资料的对应,以及不同层次回波强度的对应。

　　(2)资料预处理和参量计算

　　为了滤掉噪声对径向速度和速度谱宽等有关参量计算的影响,我们用中值滤波的方法,处理径向速度和速度谱宽资料,并用于计算区域的径向速度平均值(E_{MDV})。根据公式(2.1)—(2.5),我们可以计算各个回波点的 T_{DBZ}、G_{DBZ}、S_{IGN}、S_{PIN}、E_{MDV}、E_{SDV} 和 W_{MDS},并根据隶属函数,计算各自的判据,对每个点的判据进行累加平均,在这里我们对每个隶属函数均给予一样的权重,这样就得到了每个点地物的判断值(0～1),该值越大,是地物的可能性就越大,反之,是降水回波或其他回波的可能性就越大。对于径向速度的距离模糊区,只计算前四个量。

(3)分步式地物判断步骤

第一步,设定三个阈值 T_1、T_s、T_2($T_1 < T_s < T_2$),其中,T_s 为标准的阈值(例如 0.5),T_1 为第一步判断非地物回波的阈值(例如 0.4),T_2 为第一步判断为地物的阈值(0.6),T_1 和 T_2 用于第一步判断,判据大于 T_2 的为地物,判据小于 T_1 的为非地物回波,判据介于这两个阈值之间的在下一步判断。

第二步,设定作用半径库数 n(可设为 10 km),对应每个判据介于这两个阈值之间的点,在径向方向影响距离库数 n 范围内,计算已判断为地物和非地物回波的加权判据与 T_s 的差:

$$\Delta T = \frac{\sum_{i=-n}^{n} (R_i - R)^2 T_i}{\sum_{i=-n}^{n} (R_i - R)^2} - T_s \tag{2.6}$$

其中:n 为待判断点的距离库数,T_i 和 R_i 为已判断为地物或非地物点的判据和距离。然后用 ΔT 和待判断点的判据之和与 T_s 比较来判断是否为地物回波。

该方法与 Kessinger 等(2003)方法相比的主要改进是:原方法就确定一个阈值(如 0.5),大于该阈值的为地物回波,小于该阈值的为非地物回波(降水和其他回波)。本方法采用变化的阈值,并通过调整已经用严格标准判断为地物或非地物回波周围点的判据的方法,减少地物的漏判和降水回波的误判。

利用实际的雷达降水和地物资料,分析这些回波的上述物理量特征,在此基础上确定隶属函数。

选用合肥雷达 2003 年 7 月 23 日的地物、2005 年 5 月 27 日温州的地物;合肥雷达 2005 年 9 月 2 日混合性降水过程、2005 年温州的台风降水回波、2002 年 5 月 27 日合肥的对流天气过程资料、2005 年 3 月 22 日广州的对流性降水资料、2005 年 5 月 1 日温州的强对流回波资料,分析降水回波和地物回波的特征差异。

利用人为方法对资料进行判断,确定地物和降水回波的"真值"。判断的依据是:地物回波主要出现在低层,径向速度和速度谱宽很小,没有明显的移动,为了区别晴空条件下地物回波中夹杂的晴空回波,我们设定回波强度大于 10 dBZ 的为地物回波;对于降水回波,可以从回波形状、垂直结构、演变和移动等方面加以判断,而且我们还将降水回波区分为混合性降水和对流性降水。应该注意:用人工方法严格区分地物回波和降水回波有时也是非常困难的,特别是对晴空回波和远处的弱降水回波的区分更是如此。

图 2.1 给出了地物、混合性降水和对流性降水的 E_{MDV}、E_{SDV}、W_{MDS}、T_{DBZ}、G_{DBZ} 和 S_{PIN} 的概率分布。从图中可以看到:地物回波的径向速度和速度谱宽在零附近概率最大,地物回波和降水回波这两个物理量差异比较大;地物回波的垂直变化明显高于降水回波,地物回波的 T_{DBZ} 值和 S_{PIN} 也明显大于降水回波,用这些物理量来区分降水回波和地物回波效果应该不错。由于 S_{IGN} 两者相差不大(图略),尽管地物回波在零附近分布的概率也略大于降水回波,但是该参量不参与地物的识别。另外,对于不同类型降水回波,这些物理量的分布也略有差异,如对流性降水的速度谱宽和 T_{DBZ} 分布更加宽。从这些物理量的分布还可以看出:降水回波和地物回波在很多区域是重叠的,如在径向速度接近零的区域,也有相当多的降水回波,回波垂直变化比较大的区域也有降水回波。所以,利用单一的量来识别地物回波是很困难的。

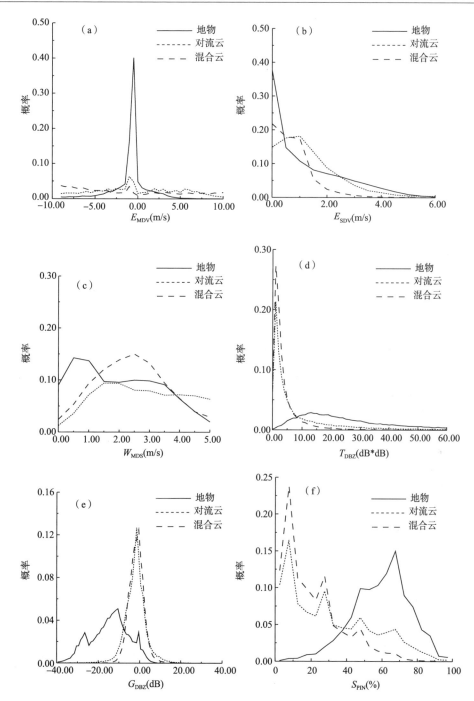

图 2.1　地物、对流云和混合性降水回波的 E_{MDV}(a)、E_{SDV}(b)、W_{MDS}(c)、T_{DBZ}(d)、
G_{DBZ}(e) 和 S_{PIN}(f) 的概率分布

根据这些参量的概率分布，我们就可以确定用梯形折线表示的各个量的隶属函数(图 2.2)。

对于某些镶嵌在降水回波中的地物回波，地物识别程序会把地物回波剔除而留下"回波空洞"。为了填补这些"回波空洞"，我们首先要确定这些空洞的真实回波是否是降水回波。一般地物回波都在 3 km 以下，所以回波顶高在 3 km 以上的回波一般都是降水回波。具体做法是可以从雷达回波的高层往低层检查,如果该点在低层的回波被剔除了,但是回波顶高大于3 km,则被剔除留下的"回波空洞"可以采用上一层的降水回波来填补。这是因为该"回波空洞"的高层为降水回波、且回波顶高大于3 km,那么该"回波空洞"的真实回波应该是降水回波,仅仅由于特殊的大气环境造成雷达探测到该处为地物和降水的混合回波。所以,把该处识别为地物回波而剔除后,再用上一层的降水回波资料来填补下一层的"回波空洞"的做法比仅剔除而无填补回波的做法有很大改进,探测结果更接近实际。

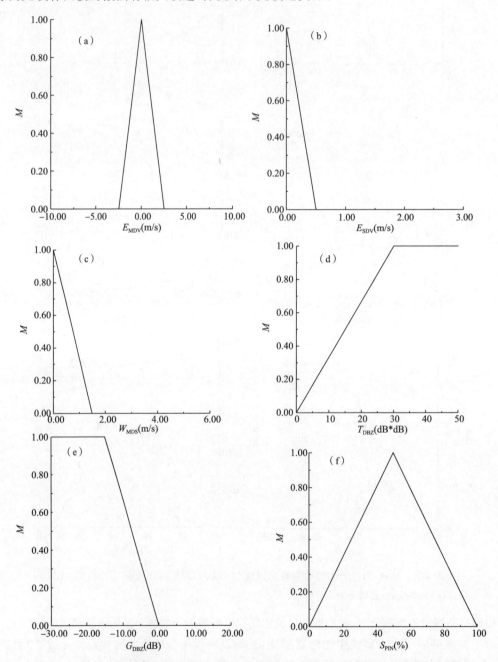

图 2.2　地物识别的 E_{MDV}(a)、E_{SDV}(b)、W_{MDS}(c)、T_{DBZ}(d)、G_{DBZ}(e)和 S_{PIN}(f)的隶属函数

2.2　电磁干扰回波的识别方法

对于干扰回波的解决方法主要从两个方面来考虑,首先是从回波单元像素的孤立性上考虑,我们对其进行滤波处理,该方法不仅对于雷达受外界同频雷达干扰出现的螺旋带状回波和麻点干扰相当有效,对于受到单频点电台干扰出现的一个方位上的直线干扰回波也相当有效;其次,对于受到干扰而出现的多个方位的直线干扰回波,则需要通过其径向的连续性和方位上的不连续性的检查来识别和剔除。因此,针对以上问题,我们提出人工智能图像识别法。具体步骤如下:

(1)对雷达资料进行预处理,即对取样的雷达资料进行排序。由于 CINRAD/SA 雷达是在一系列固定的仰角上扫描 360°进行取样的,因此,获取的资料中每个 PPI(Plan position indicator,平面位置显示)扫描面的径向个数不固定,每次取样的方位角度也不是固定对应的。为此,我们需要对最低仰角两次扫描的雷达资料进行径向处理,按照严格的 1°的间隔顺次排列这些资料,以满足每个 PPI 的资料都是 360 个径向,同一方位回波强度、径向速度和速度谱宽资料的对应;同样对不同层次雷达资料进行处理以保证方位上的对应。

(2)需要对相对孤立的干扰回波进行滤波。这些回波大多以孤立点或细线的方式出现,使用的方法是在 PPI 扫描面上,移动一个 5×5(25 个点)的窗口,如果该窗口内中心点周围的有效值的点少于某一阈值时,则将该中心点去除,即该点被认为没有有效值。用公式表示如下:

$$P_X = N/N_{total} \qquad (2.7)$$

其中,X 为雷达原始体扫资料中给定的反射率距离库,N 为以 X 为中心的 5×5 的窗口中有反射率值的总库数,N_{total} 为该窗口内包含的库数,P_X 为窗口中有效反射率回波所占百分比,当 P_X 小于某一阈值(缺省值为 75%)时像素点 X 就被视为噪声回波而被剔除。这一步骤在剔除噪声回波的同时会剔除回波边缘的个别气象回波像素点。

为了尽可能地保留有效的气象信息,当前点移除与否并不受先前移除点的影响。通过这种方法不仅滤掉了单个孤立点噪声,而且滤掉了那些邻近的、不可靠的孤立区域的噪声。因此,它既保留了气象信息的结构和边界特性,也没有改变低频或高频气象信息,同时又将单个孤立点和区域噪声全部滤掉,这对于清除孤立性的干扰回波相当有效。

(3)检查雷达回波在径向上有效回波的连续性,对每个方位上的有效回波的总库数进行统计,找出最大的有效回波总库数的方位,并记下最大值 R_{MAX} 和最小值 R_{MIN}。

$$R_i = \sum_{j=1}^{N_R} Z \qquad (1 \leqslant i \leqslant N_A) \qquad (2.8)$$

其中
$$Z = \begin{cases} 1 & Z_{i,j} \neq S_{pval} \\ 0 & Z_{i,j} = S_{pval} \end{cases}$$

R_i 为计算的第 i 个方位的有效回波库数的总值;i 为方位,最大方位为 N_A,值为 360;N_R 为距离库的个数,对于 SA 雷达的回波强度来说,为 460 个库;S_{pval} 为无效回波值,为基数据中读入的无效回波的标示值;Z 表示回波强度值在径向上有效回波的连续性。这样即可找出最多有效库数的方位。

(4)对找到的最多有效库数的方位进行判定,确定其是否为干扰回波。这可以通过以下简单的计算来判定。令:

$$R_D = \frac{(R_{MAX} - R_{MIN}) \times 100}{R_{MIN}}\% \qquad (2.9)$$

R_D 是根据最大有效回波的库数与最小有效库数计算的一个判断值。若 R_D 的值小于 10%时，则认为该方位出现的不是干扰回波；实际上 R_D 判断阈值可根据经验确定，一般取为 10%~20%。若同时满足 R_{MIN} 大于 10（一般可取 10~20），R_{MAX} 大于 300（一般根据该雷达的库数决定）时，则可判定该方位出现了干扰回波。

（5）检查找到的最大有效径向上回波的连续性，即对找到的最大有效径向 N 进行方位上的连续性检查，判断其相邻方位上是否也有干扰回波。采取的方法是依靠计算该方位与邻近方位（$N\pm10$）有效回波总库数的差值来判定。给定阈值（一般选取 20~40），小于该阈值的方位会标记为干扰回波方位。若大于阈值，则只有原方位有干扰回波。这样，即可找到干扰回波的起始方位 N_1 和终止方位 N_2。

（6）将找出来的干扰回波方位块作为一个整体，进行剔除处理。分别对 N_1-1 和 N_2+1 的方位，N_1-2 和 N_2+2 的方位进行检查，当对于 N_1-1 和 N_2+1 两个方位上距离相同的库中都没有有效回波时，则认为从 N_1-N_2 的方位中相应距离的库中是没有有效回波的；同理，检查 N_1-2 和 N_2+2 的方位上路离相同的库中是否同时没有有效回波，若无，则认为 N_1-N_2 方位的相应距离库中是没有有效回波的。这样就可以发现真实回波、从而恢复原貌，把找到的干扰回波标记剔除。

2.3　地物回波和海拔高度的关系及识别效果分析

2.3.1　地物回波和海拔高度的关系

以合肥 SA 雷达资料为例，分析超折射地物回波与海拔高度的关系。图 2.3 给出了以合肥雷达为中心，范围 460 km 内的地形高度和雷达站高度差的分布，以及与 2003 年 7 月 24 日

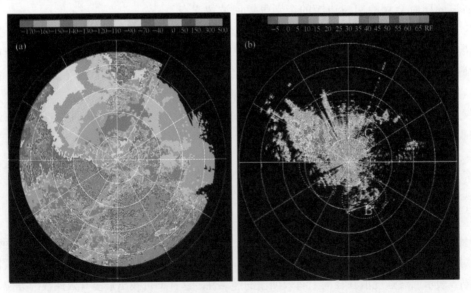

图 2.3　合肥雷达站 460 km 范围内的相对于雷达天线的地形高度（a）和 2003 年 7 月 24 日 04:13 BT（北京时，下同）的地物回波（b）的对比

（其中每个距离圈为 100 km；用虚线标注的区域的地物与局地高地形有关）

04:13 BT*出现的地物回波的对照。合肥雷达附近高地形是雷达西南方向的大别山、东南方向的黄山等,雷达北部地势比较平坦,大部分地区的高度都小于雷达天线的高度。从图中可以看出:在 200 km 范围内,超折射地物回波主要发生在西南方向;比较同一距离的地物回波和海拔高度可以看出地物回波有很强的方向性;地物回波出现在西部地形比较低的区域,也就是说在西部很可能存在着比较严重的逆温层和逆湿层,相反,在东部相同海拔高度的地区并没有出现地物回波。图中标有虚线区的地物回波与局地高地形有关,但在这些方向上,与西南强地物具有相同海拔高度的一些地方并没有出现地物回波。地物回波的这种方向性特征在其他个例中也表现得比较明显,由此可以确定哪些方向更容易出现地物回波。基于以上观测事实,设计了分步法识别地物回波。

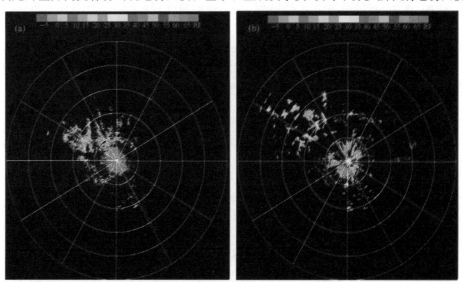

图 2.4　合肥雷达 2003 年 7 月 24 日 04:13 BT 回波强度的第 2 层 PPI(1.5°)(a)和第 1 层回波强度地物识别后的结果(b)

(图中每个距离圈为 100 km。原始资料的第 1 层 PPI 见图 2.3(b))

2.3.2　识别效果分析

利用所得到的"真值"资料,分析了地物识别的效果。特别是分析了回波强度、径向速度和速度谱宽资料在识别过程中起的作用。

我们以"真值"资料为目标,分别对地物和降水回波进行识别,以准确率、误判率和漏判率来分析识别的效果。例如,对地物回波资料,该方法正确地识别为地物点数目占整个资料数的比例为识别准确率,没有识别出地物的点的比例为漏判率,降水回波识别为地物为误判率。

首先分析阈值及径向速度和速度谱宽对识别结果的影响。表 2.1 给出了不同阈值情况下,对地物、对流云和混合性降水识别的准确率和误判率。

表 2.1　对地物、对流云和混合性降水识别的准确率和误判率

阈值	地物识别准确率	对流云识别误判率	混合性降水识别误判率
0.40	0.92	0.09	0.05

---

*　书中除特别注明外,均为北京时

阈值	地物识别准确率	对流云识别误判率	混合性降水识别误判率
0.45	0.87	0.07	0.04
0.50	0.79	0.04	0.03
0.55	0.72	0.03	0.01
0.60	0.65	0.02	0.01

另外,我们分别统计了综合采用回波强度、径向速度和速度谱宽时,地物识别的准确率和只采用回波强度时的识别准确率,发现径向速度和速度谱宽对地物识别准确率的提高起着非常重要的作用,例如,如果阈值设为 0.45 时,采用径向速度资料和不采用径向速度资料的准确率分别为 0.98 和 0.63;同样,对于阈值为 0.50,这两个值分别为 0.87 和 0.62。

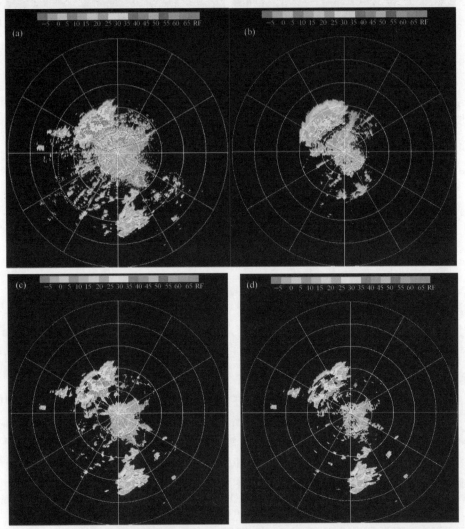

图 2.5　2005 年 8 月 3 日 08:05 BT 天津雷达观测的暴雨和地物回波的雷达原始资料的回波强度第一层 PPI(a)和第二层 PPI(b)、利用该方法识别的结果(c)和没有采用分步方法的识别结果(d)
(a)中虚线部分为主要的地物回波

下面分析 2003 年 7 月 24 日 04:13 BT 合肥雷达观测的一次超折射地物回波的识别效果

（图 2.4），从第二层回波强度与第一层回波强度的对比及其径向速度场来看，这些回波大部分为地物回波，该方法能将大部分地物回波识别出来，特别是西北方向大面积地物回波和西南方的点状地物回波。其中，在方位 300° 和距离 200 km 处，两块较小回波没有被识别为地物，其主要原因是这两块回波处对应的径向速度约为 4 m/s，且在其上第二层还有比较强的回波存在。

为了更好地分析降水和地物同时存在时该方法识别地物回波的效果，下面我们分析 2005 年 8 月 3 日天津一次与暴雨过程伴随的地物回波的演变及其识别结果。从这次过程分析，8 月 3 日 08:05 BT，在天津雷达站西南方 300 km 左右和西北方 200 km 处各有一对流云体发展，东南方的对流云体以很快的速度向西北方移动，而西北方的云体基本维持在原地不动，在两个回波带之间有大块的超折射地物回波，其中雷达北部 150 km 内的地物回波最强，呈块状，回波强度达 55 dBZ，与燕山和太行山脉对应；而雷达西南部的地物回波为条状，回波强度也比较弱。

分析不同时刻的地物回波变化，可以明显看出：在太阳辐射的作用下，随着地面温度的增高，温度和湿度层结发生了变化，地物回波越来越少，超折射现象逐渐变轻直至最后消失。图 2.5 给出了天津 2005 年 8 月 3 日 08:05 BT 回波强度原始资料和地物回波的结果（0.5° 仰角），其中已被识别为地物回波则没有显示。从第一层径向速度和第二层回波强度 PPI 来看，本次过程 150 km 范围内大部分径向速度接近零，在第二层 PPI 上，地物区有弱的云存在，但回波强度垂直变化非常大，回波强度主要为地物回波的贡献。基于以上分析，这些回波基本被准确识别，但应该注意的是：在降水回波中，强回波的外沿部分也有被误判为地物回波的，其主要原因是该区域回波强度变化比较大，又没有径向速度和速度谱宽观测资料，而且垂直变化也很大。

比较本研究的方法和没有采用分步方法识别结果可以看出：采用分步方法后，（170°，300 km）和（310°，200 km）处的两块降水回波“回波洞”数量和面积减小，被误判为地物回波的情况明显改善，同时，被识别为地物的回波面积基本没有发生变化。同样，在雷达周围弱回波区识别效果也优于没有采用分步式的结果。从这一个例可以看出：采用分步式地物识别方法，明显改善了降水探测结果，特别是在回波强度水平和垂直变化梯度很大的区域被误判为地物回波的现象得以纠正，而地物回波的面积基本没有变化，这明显改善了地物回波识别效果。

为了更好地分析非降水回波镶嵌在降水回波中的识别效果，我们分析了 2005 年 6 月 21 日天津一次伴随非降水回波的暴雨过程。图 2.6 给出了识别非降水回波前后的回波强度图和径向速度图。从第一层的原始径向速度图（图 2.6(b)）来看，50～150 km 的大部分径向速度为 0。从第二层的原始径向速度图（图 2.6(d)）来看，白色实线区域对应的径向速度也为 0，再结合第一、二层的回波强度，可以判定雷达中心西南部的白色实线区域为非降水回波。非降水回波识别算法和加入“回波空洞”填补的算法都成功地识别出了这一非降水回波区域并进行了剔除。

图 2.6(d) 雷达东北部的白色虚线区域对应的第二层的径向速度是非零的，对应的第二层回波强度（图 2.6(c)）也是降水回波，因此白色虚线区域对应的第一层回波为镶嵌在降水中的非降水回波。非降水回波识别算法识别出了这一区域，剔除非降水回波留下了“回波空洞”。加入“回波空洞”填补的算法不仅识别出了非降水回波，并对剔除非降水回波留下的“回波空洞”进行了填补。

从以上分析可以看出：在加入了“回波空洞”填补的算法后，降水回波中“回波空洞”的面积有所减小，降水回波被误判为非降水回波的情况明显改善，而识别为非降水回波的面积基本没有变化（如白色实线圆圈所示）。用同样的方法还分析了 2005 年 6 月 27 日武汉一次降水过程和 2005 年 8 月 3 日天津一次暴雨过程，得到了相同的结果。从这三个个例中可以看出，加入“回波空洞”填补的方法，明显降低了降水回波特别是镶嵌了非降水回波的降水回波被误判为非降水回波的概率，而正确识别非降水回波的面积和数量基本没有变化，明显改善了非降水回波的识别效果。

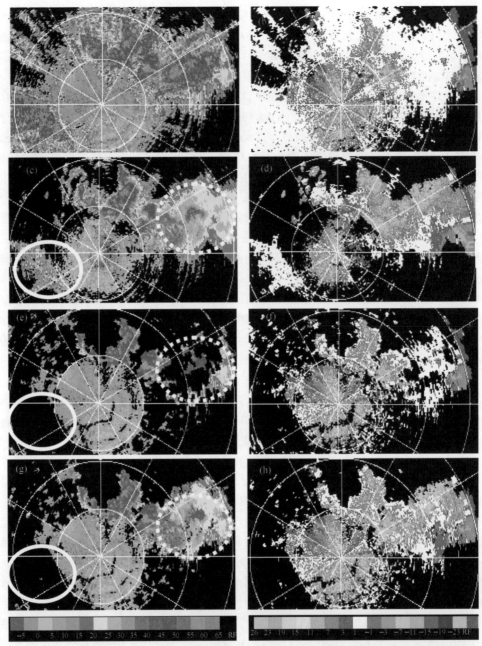

图 2.6　天津雷达 2005 年 6 月 21 日 11:05 BT 第一层原始回波强度图(a)、第一层原始
径向速度图(b)、第二层原始回波强度图(c)、第二层原始径向速度图(d)、非降水回波识别后
的第一层回波强度图(e)、非降水回波识别后的第一层径向速度图(f)、加入"回波空洞"填补
后第一层回波强度图(g)、加入"回波空洞"填补后第一层径向速度图(h)(距离圈为 50 km)

2.4　电磁干扰识别效果

　　我们对 2007—2009 年 CINRAD/SA(SB)雷达出现的干扰回波进行了收集和整理,并应
用以上的人工智能图像识别法对其进行了处理,取得了较好的效果。

2.4.1 孤立性的干扰回波

上文已经说明对于孤立性的干扰回波的最佳处理方法就是滤波,即算法中提到的步骤 2。在这里,我们选取图 2.7 中两个个例进行处理,图 2.8(a)和(b)分别为图 2.7(a)和(b)的处理结果。图 2.8(a)是青岛 SA 雷达 2008 年 10 月 24 日 03:51 BT 资料的干扰回波处理结果,对比图 2.7(a)可以看出,呈螺旋带状的干扰回波已经被完全滤除干净,并很好地保留了雷达近距离的气象回波。图 2.8(b)是濮阳 SB 雷达 2008 年 7 月 21 日 00:37 BT 资料的干扰回波处理结果,对比图 2.7(b)可以看出,对于雷达东北和西南方向的直线状干扰回波完全被滤除干净,并保留了该方位近距离处的气象信息;但是对于正北方位的直线状干扰回波处理不好,这也是我们仍然需要采用人工智能图形识别方法来进一步处理干扰回波的原因。

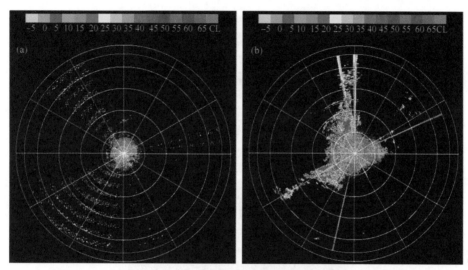

图 2.7 孤立性干扰回波处理前 PPI 回波强度

(a. 青岛雷达 2008 年 10 月 24 日 03:51 BT,b. 濮阳雷达 2008 年 07 月 21 日 00:37 BT)

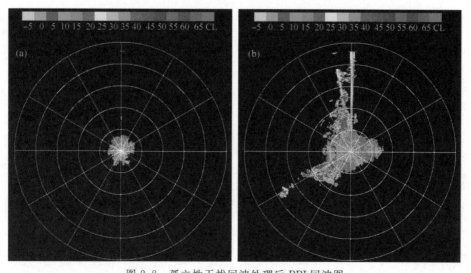

图 2.8 孤立性干扰回波处理后 PPI 回波图

(a. 青岛雷达 2008 年 10 月 24 日 03:51 BT,b. 濮阳雷达 2008 年 07 月 21 日 00:37 BT)

2.4.2　直线状干扰回波

由上文可知仅仅依靠滤波是无法完全剔除干扰回波的,所以还要通过对干扰回波的特征分析采用图形识别方法对其进行处理。对图 2.7(b)的处理结果从图 2.9 可以看出,采用该方法可以有效地剔除直线状干扰回波,并有效地保留干扰回波方位的其他回波。

图 2.10—图 2.12 给出了其他一些个例,从中可以分别看出在晴空和降水情况下,文中给出的方法均可以有效地处理干扰回波,并保留有用的气象回波。盐城雷达 2009 年 5 月 21 日晴空个例(图 2.10)和 2009 年 5 月 12 日降水个例(图 2.12),说明该方法均有效地剔除了干扰回波,并保留了晴空回波和降水回波。对于杭州雷达 2009 年 5 月 25 日观测到的一次降水过程(图 2.11),该方法也有效地剔除了干扰回波块,并保留了其他回波的特征。

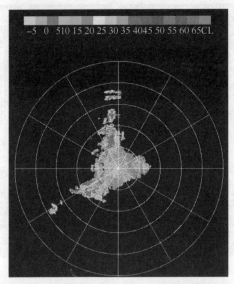

图 2.9　濮阳雷达 2008 年 07 月 21 日 00:37 BT 干扰回波处理后回波强度 PPI 图

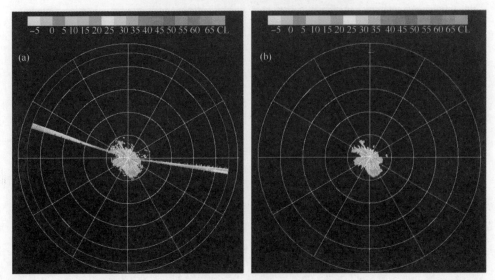

图 2.10　盐城雷达 2009 年 5 月 21 日 04:12 BT 观测回波强度 PPI 图(a)和干扰回波处理后 PPI 图(b)

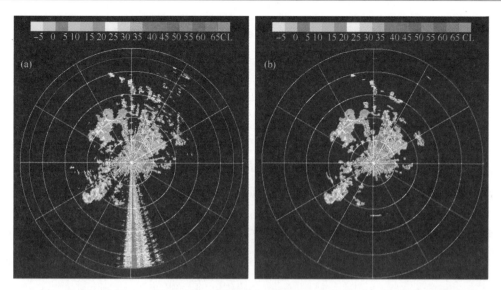

图 2.11　杭州雷达 2009 年 5 月 25 日 00:12 BT 观测回波强度 PPI 图(a)和干扰回波处理后 PPI 图(b)

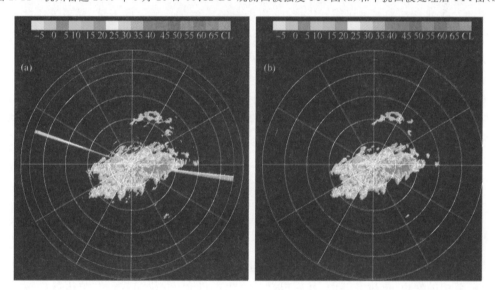

图 2.12　盐城雷达 2009 年 5 月 12 日 00:42 BT 观测回波强度 PPI 图(a)和干扰回波处理后 PPI 图(b)

第3章　新一代天气雷达三维数字拼图系统及其应用

　　我国的新一代天气雷达具有很高的时间和空间分辨率,是探测中小尺度天气系统的有力工具,具有其他探测设备无可比拟的优越性。雷达原始观测资料是以单雷达、球坐标的方式保存的,目前新一代天气雷达业务软件系统也只基于单个雷达的观测范围。固定的单部雷达的探测范围有限,不足以覆盖梅雨锋、台风、飑线等中尺度天气系统;且雷达扫描模式决定了单部雷达观测资料有空间分辨率不均匀、常有波束遮挡、存在静锥区等问题;另外更深层次的应用,如数值模式同化雷达资料,水文方面的降水估算等应用雷达原始资料也不方便,为方便和其他数据结合处理,迫切需要建立统一的笛卡儿坐标系下的雷达格点资料。因此,将雷达基数据三维格点化,并进一步进行区域三维拼图,可以很大程度上解决单雷达的一些不足,增强雷达观测资料的实用性,更加充分发挥雷达对中小尺度灾害性天气的监测和预警能力。为此,中国气象科学研究院与中国气象局武汉暴雨研究所合作发展了新一代天气雷达三维格点化拼图方法(肖艳姣等,2006),随后,中国气象科学研究院集成新一代天气雷达资料质量控制方法(刘黎平等,2007)和三维格点化拼图方法,形成了新一代天气雷达观测资料质量控制和三维拼图系统(王红艳等,2009,张志强等,2007),并应用到暴雨、台风中尺度结构分析和临近预报中,特别是已经在2008年北京奥运会、2010年上海世博会的气象保障服务平台上成功地运行。

3.1　新一代天气雷达基数据三维格点化拼图方法

3.1.1　天气雷达基数据三维格点化方法

　　根据雷达的位置和海拔高度,利用笛卡儿坐标系下网格点的经度、纬度和高度计算其在雷达球坐标系中的仰角、方位和斜距,然后根据计算出的仰角、方位和斜距在雷达球坐标系中的位置,利用内插方法给该网格点赋值,得到该网格点上的分析值。常用的插值方法有:(1)最近邻居法,(2)径向和方位上的最近邻居和垂直线性内插法,(3)垂直水平线性内插法,(4)八点插值法。更复杂的分析方法包括统计方法和变分方法。大多数笛卡儿内插方法都是为具体的研究或应用而提出的,在这些分析方法中,参数往往取决于应用的目的。

　　(1)最近邻居法

　　在三维空间中,取最靠近网格单元的雷达距离库的值作为网格单元的值,该方法基于网格单元的中心与雷达距离库中心之间的距离。

　　(2)径向和方位上的最近邻居和垂直线性内插法

　　如图3.1所示,(r,a,e)是某一网格点在雷达球

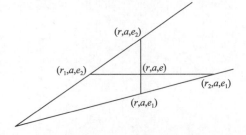

图3.1　垂直和水平线性内插示意图

坐标系中的位置，r 为斜距，a 为方位角，e 为仰角。e 位于其上下相邻仰角 e_2 和 e_1 之间。(r,a,e_2) 和 (r,a,e_1) 分别是经过该网格点的垂线（仰角低于 20° 时，垂直方向可用仰角方向近似）与其上下仰角波束轴线的交点，那么该网格点的分析值 $f^a(r,a,e)$ 可以用这两点的分析值 $f^a(r,a,e_2)$ 和 $f^a(r,a,e_1)$ 进行垂直线性内插得到，即：

$$f^a(r,a,e) = \frac{w_{e1}f^a(r,a,e_1) + w_{e2}f^a(r,a,e_2)}{(w_{e1} + w_{e2})} \tag{3.1}$$

其中 w_{e1}、w_{e2} 分别是给予 $f^a(r,a,e_1)$ 和 $f^a(r,a,e_2)$ 的内插权重：

$$w_{e1} = (e_2 - e)/(e_2 - e_1) \tag{3.2}$$

$$w_{e2} = (e - e_1)/(e_2 - e_1) \tag{3.3}$$

$f^a(r,a,e_2)$ 和 $f^a(r,a,e_1)$ 分别是最靠近点 (r,a,e_2) 和 (r,a,e_1) 的雷达距离库的观测值，它们的获取采用径向和方位上的最近邻居法。如图 3.2 所示，r_{i-1}、r_i、r_{i+1} 为相邻径向距离库，a_{j-1}、a_j、a_{j+1} 为相邻方位角，两条虚线是波束的半功率线，由半功率线和半距离库所围成的梯形区是距离库 r_i 的影响区，在径向、方位方向上落在这个梯形区的点 (r,a) 的分析值 $f^a(r,a)$ 都用距离库 r_i 的观测值 $f^o(r_i,a_j)$ 来赋值，即 $f^a(r,a) = f^o(r_i,a_j)$。

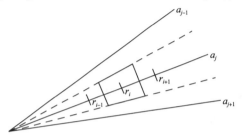

图 3.2　径向、方位上的最近邻居示意图

（3）垂直水平线性内插法

如图 3.1 所示，(r,a,e_2) 和 (r,a,e_1) 分别是经过网格点 (r,a,e) 的垂线（仰角低于 20° 时，垂直方向可用仰角方向近似）与其上下仰角波束轴线的交点，(r_1,a,e_2)、(r_2,a,e_1) 分别是经过该网格点的水平线与其相邻上下仰角波束轴线的交点，那么该网格点的分析值 $f^a(r,a,e)$ 可以用这四个点的分析值 $f^a(r,a,e_2)$、$f^a(r,a,e_1)$、$f^a(r_1,a,e_2)$、$f^a(r_2,a,e_1)$ 通过垂直和水平内插得到，其中这四个点的分析值通过径向和方位上的最近邻居法得到，那么有：

$$f^a(r,a,e) = \frac{w_{e1}f^a(r,a,e_1) + w_{e2}f^a(r,a,e_2) + w_{r1}f^a(r_1,a,e_2) + w_{r2}f^a(r_2,a,e_1)}{w_{e1} + w_{e2} + w_{r1} + w_{r2}} \tag{3.4}$$

其中，w_{r1}、w_{r2} 分别是给予 $f^a(r_1,a,e_2)$、$f^a(r_2,a,e_1)$ 的内插权重：

$$w_{r1} = (r_2 - r)/(r_2 - r_1) \tag{3.5}$$

$$w_{r2} = (r - r_1)/(r_2 - r_1) \tag{3.6}$$

且有 $r_1 = r\sin e/\sin e_2$，$r_2 = r\sin e/\sin e_1$。w_{e1}、w_{e2} 见 (3.2) 式和 (3.3) 式。

（4）八点插值法

如图 3.3 所示，某一网格点 (r,a,e) 落在由 $f_1^o(r_1,a_1,e_1)$、$f_2^o(r_2,a_1,e_1)$、$f_3^o(r_1,a_2,e_1)$、$f_4^o(r_2,a_2,e_1)$、$f_5^o(r_1,a_1,e_2)$、$f_6^o(r_2,a_1,e_2)$、$f_7^o(r_1,a_2,e_2)$、$f_8^o(r_2,a_2,e_2)$ 围成的锥体内，则该网格点的分析值 $f^a(r,a,e)$ 可由这八个点的观测值进行双线性内插获得。

$$f^a(r,a,e) = w_{e1}\left[(w_{r1}f_1^o + w_{r2}f_2^o)w_{a1} + (w_{r1}f_3^o + w_{r2}f_4^o)w_{a2}\right] + w_{e2}\left[(w_{r1}f_5^o + w_{r2}f_6^o)w_{a1} + (w_{r1}f_7^o + w_{r2}f_8^o)w_{a2}\right] \tag{3.7}$$

其中，w_{a1}、w_{a2} 为方位内插权重：

$$w_{a1} = (a_2 - a)/(a_2 - a_1) \tag{3.8}$$

$$w_{a2} = (a - a_1)/(a_2 - a_1) \tag{3.9}$$

w_{r1}、w_{r2} 见(3.5)式和(3.6)式,w_{e1}、w_{e2} 见(3.2)式和(3.3)式。

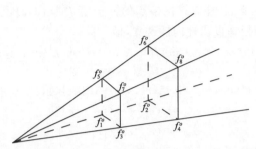

图 3.3　八点内插示意图

3.1.2　天气雷达基数据三维拼图方法

通过一个或多个客观分析方法把来自各个雷达的反射率场插值到统一的笛卡儿网格上之后,需要把来自多个雷达的格点反射率场拼接起来形成三维拼图网格。在拼图网格的很多区域,特别是在对流层中高层,有来自多个雷达的资料重叠区,在拼图网格中的每个网格单元 i 的反射率值可以通过下面公式得到:

$$f^m(i) = \frac{\sum_{n=1}^{Nrad} w_n f_n^a(i)}{\sum_{n=1}^{Nrad} w_n} \tag{3.10}$$

其中 $f^m(i)$ 是网格单元 i 的合成反射率值,$f_n^a(i)$ 是在网格单元 i 处来自第 n 个雷达的分析值,w_n 是给分析值 $f_n^a(i)$ 的权重,Nrad 是在网格单元 i 处有分析值的总的雷达个数。为了避免噪声的干扰,反射率小于 0 dBZ 的格点被认为是无回波的点。如果 Nrad=0,那么网格单元不被任何一个雷达覆盖,该网格单元的 $f^m(i)$ 被赋予一个缺值符号。如果 Nrad=1,那么网格单元的值就等于那个雷达在该网格单元的值。如果 Nrad>1,那么就使用多个雷达分析值的权重平均。以下是四种拼图方法:

(1)最近邻居法

最近邻居法就是把来自最靠近网格单元的那个雷达的分析值的权重赋为 1,其他雷达的权重全赋为 0,即把最靠近网格单元的那个雷达的分析值赋给网格单元。

(2)最大值法

最大值法就是把覆盖同一网格单元的多个雷达反射率分析值中的最大值的权重赋为 1,其他的权重全赋为 0,即把覆盖同一网格单元的多个雷达反射率分析值中的最大值赋给网格单元。

(3)两种权重函数法

权重基于单个网格单元和雷达位置之间的距离,这里使用了两个权重函数:指数权重函数和 Cressman(克雷斯曼)权重函数。

指数权重函数:

$$w = \exp\left(-\frac{r^2}{R^2}\right) \tag{3.11}$$

其中 R 为适当的长度比例,这里取 $R=100$,r 为网格点到雷达的距离,单位用千米。

Cressman 权重函数:

$$w = \begin{cases} (R^2 - r^2)/(R^2 + r^2) & r \leqslant R \\ 0 & r > R \end{cases} \tag{3.12}$$

其中 R 为影响半径,这里取 $R=300$ km,r 为网格点到雷达的距离,单位用千米。

3.2 新一代天气雷达资料质量控制和三维拼图系统

利用第 2 章的雷达资料质量控制方法、本章的雷达基数据三维格点化方法和三维拼图方法,中国气象科学研究院研制了新一代天气雷达资料质量控制和三维拼图系统,该系统将数据处理和结果显示分为两个独立的软件:(1)新一代天气雷达三维组网及产品处理系统;(2)新一代天气雷达三维显示系统。

3.2.1 数据处理子系统

新一代天气雷达三维组网及产品处理系统定位于雷达的区域组网,雷达数限制在 50 部以内,处理产生以笛卡儿坐标下(经纬度、海拔高度)的区域三维回波强度数据,并基于区域回波强度数据,生成一些二次产品。此外,可选择输出一些中间数据,如质量控制后的体扫数据,单站三维格点反射率数据。该系统流程见图 3.4。

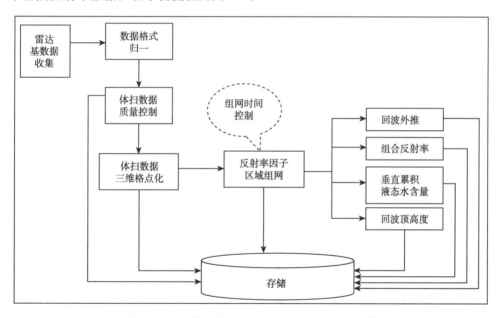

图 3.4 新一代天气雷达三维组网及产品处理系统

该系统包括下列主要功能模块:系统控制、雷达基数据检索、基数据预处理、体扫数据三维格点化、多雷达数据组网拼图、二次产品生成系列以及系统状态记录。

(1)系统控制

通过控制平台对软件进行操作,如程序的运转、停止和退出,设置组网区域内的雷达站信息、结果存储路径,选择数据处理过程和需要生成的产品等。

（2）雷达资料检索

系统对雷达资料的处理有实时和事后分析两种模式。在实时模式下，系统监视指定路径下的实时观测数据，检查数据的探测时间，判断其是否参与当前时次的组网，将需要处理的数据文件传递给下一个模块处理；在事后分析模式下，系统从指定路径下预先装载一定数量的各站观测资料，依据预先设置的组网时间间隔，对资料进行时次排序和分组，然后逐时次处理这些数据。

（3）资料预处理

资料预处理包括数据格式统一和质量控制。

新一代天气雷达网的雷达型号有 SA、SB、CB、CD、SC、CC 和 CCJ，且有多种不同的数据格式，为方便算法处理，首先将这些数据转换成系统内部预定的统一格式。采用统一格式后，任何型号雷达的数据都可以采用同样的算法模块进行处理。

雷达探测资料的数据质量非常重要，最常见的质量问题是固定地物或超折射引起的地物杂波，此外还有海浪回波、鸟杂波、系统噪声以及电磁干扰等。这些非气象回波有的独立于气象回波存在，有的混杂在气象回波中。为保证数字组网的质量，在进一步处理之前，所有的雷达资料都要通过特定算法进行质量控制，去掉地物杂波、噪声和干扰回波等。同时，还可以按照原始数据格式输出部分型号雷达质量控制后的观测数据。

（4）体扫资料三维格点化

组网前，先要把以距离、方位、仰角为坐标的单站体扫数据经过插值处理，转换成以经度、纬度和海拔高度为坐标的三维格点数据。这样插值后，每个雷达站的资料都转换到同样高度层次的网格点上，便于组网。软件系统默认的插值方法采用了 NVI 方法（径向、方位上的最近邻居和垂直线性内插法），对雷达体扫资料进行三维格点化处理。

（5）多雷达站格点数据组网拼图

区域内每个站的雷达资料完成三维格点化处理后，启动组网模块，将各单站的格点数据拼到一个大范围的网格区域中。组网范围内某些区域只在单部雷达的覆盖范围内，也有一些区域可能在多部雷达的共同覆盖范围内。对于单部雷达覆盖区域，直接取该雷达在对应格点上的值；对于多部雷达的共同覆盖区，则要综合考虑各雷达资料对该处的贡献。系统采用了指数权重插值方法进行多站组网，最终生成三维组网反射率因子。

（6）二次产品系列

为方便强对流天气分析，系统还提供了一些二次产品，包括组合反射率、回波顶高、垂直累积液态水含量、回波 TREC 外推预报。它们由不同的模块，以组网模块输出的三维组网反射率因子为基础，经过相应的算法处理生成。

（7）系统状态监视与报告

在系统启动和运行期间，为方便用户了解系统运行情况、为系统维护提供线索，数据处理过程中的一些重要的状态信息被记录到状态日志文件中，一些错误信息被记录到错误日志文件中。

3.2.2　三维显示子系统

通过三维组网得到的雷达产品，必须通过显示平台才能使其在业务应用中发挥作用。以往的显示平台，都是传统意义上的二维显示，实现的任意剖面显示也是在二维平面上进行的。而三维显示，是在三维空间场内，通过可视化算法，实现数据的立体呈现。如果能在三维空间场准确直观地显示雷达回波强度,及其随时间和空间的变化,并通过实时的交互,实现二维显示和三维显示的有机结合,就更能凸显三维组网数据的优势。

各雷达站的体扫基数据,通过数据处理子系统,得到三维组网拼图数据。本显示平台通过接口和三维组网拼图数据相连,实现实时显示和事后分析显示两大功能。

实时显示模块,主要用于实时的数据显示,在系统运行时,操作人员预设显示的产品种类、显示方式、层面高度等各种参数,系统即按照设定值结合具体的地理信息对数据进行实时的二维显示。系统完成规定的产品显示后,操作人员可以在不影响下一时次规定产品显示和处理的条件下,进入事后分析显示模式,进行人机交互的三维产品和其他产品显示。

事后分析显示模块除了包括实时显示模块所具有的二维基本显示功能外,还包括指定时段产品的动画显示功能和强大的三维显示功能。三维显示包括切面显示功能和整体回波重建显示功能。考虑到软件操作的准确性和方便性,在二维和三维之间还可以进行交互。此外,为了便于用户分析,系统还包括缩放及图像保存功能。该软件系统的功能框图如图3.5所示。

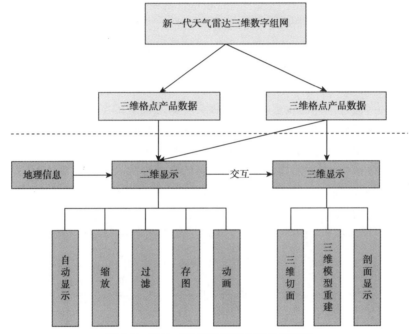

图 3.5　雷达三维显示系统主要功能框图

显示系统的主要功能模块包括:

(1)实时显示

实时显示模块主要针对二维产品,操作人员通过预设显示参数,显示系统即可实时地显示产品数据。显示的产品包括反射率(REF)、回波顶高(ET)、组合反射率(CR)、垂直累计液态水含量(VIL)等,同时与地理信息进行叠加,实现自动的实时二维产品的显示。

(2)事后分析显示

事后分析显示模块主要针对操作人员感兴趣的历史产品数据,结合具体的功能,更为详尽和直观地进行二维和三维的分析显示。

(3)产品二维显示

二维产品显示,不但实现了结合地理信息的反射率(REF)、回波顶高(ET)、组合反射率(CR)、垂直累计液态水含量(VIL)等组网产品的二维显示,还包括放大缩小和图像保存功能,而且还提供动画功能,可以很方便地观察回波强度随时间的变化。

(4)产品三维显示

三维显示包括三维切面显示功能,三维重建显示功能以及二维和三维的交互功能。三维切面显示功能可以很直观地显示空间内任意切面的状况,三维重建显示功能可以展示雷达回波的整体分布。二维和三维的交互功能可以使操作者方便地由二维过渡到三维。下面分别详细介绍各功能:

· 三维重建显示

基于光线投影算法的雷达回波三维重建显示,可以使操作者对雷达回波的空间形状及分布有整体的认识,同时结合旋转、放大、鼠标拖拽等功能,让操作更为直观和方便。

· 三维切面显示

三维切面显示功能实现了空间内任一 X,Y,Z 平面的切面显示,通过鼠标,可以方便地实现翻转、拖拽、放大等功能,同时任一水平剖面和垂直剖面也可以方便地旋转,几乎可显示所选定空间的任意平面。通过三个可控平面的操作,可以很清楚地观察到空间平面的任一局部特征。通过鼠标的移动,可以显示对应点的空间坐标及回波强度,使给出的信息更为准确和直观。同时,颜色表的自由变换,使操作更加方便。

· 二维三维的交互

在二维显示中,通过鼠标的线选,可显示两点所确定位置的空间垂直切面;通过鼠标的框选,可显示选定空间区域的任意切面和整体回波强度。可通过光标获取回波的空间位置(经度、纬度、海拔高度)和回波强度。三维显示窗口实时跳出,便于用户对二维和三维的对比观察,其中三维显示依然包括缩放、旋转及任一切面的交互操作。通过这种交互,可以使操作者很方便地在二维平面准确定位,获得对应位置的局部三维特征信息。

· 显示结果的保存

软件提供产品图像保存功能,可以在二维和三维产品上进行标注,并保存为 JPG 格式的图片。

3.3 新一代天气雷达资料质量控制和三维拼图在 2008 年北京奥运会期间的应用

新一代天气雷达资料质量控制和三维拼图系统在暴雨、台风中尺度结构分析、短时临近预报、重大工程项目及多个国家和省(区)市气象部门得到广泛应用,并在 2008 年北京奥运会和2010 年上海世博会的气象保障服务工作中发挥了重要作用。下面以北京奥运会为例,分析其应用效果。

在灾害天气国家重点实验室研发、试运行和在多个省(区)市气象部门成功业务试运行后,该系统于 2007 年 7 月开始在北京市气象局正式业务运行,实时对北京、天津、石家庄、张北等新一代天气雷达资料进行质量控制,并进行三维基数据拼图,每 6 min 输出一次结果。在此期间,曾为 WMO 组织的多国临近预报系统对比实验研究提供了质量控制后的雷达资料,并一直为北京市气象局的临近预报系统提供三维格点资料。该系统为奥运会和残奥会临近预报工作提供了高质量的雷达资料和三维拼图资料,在开幕式、闭幕式等重大活动的强对流天气监测和临近预报等方面发挥了重要作用。

该系统在垂直方向最多可设 40 个高度层。默认的水平格距为 0.01°(在中纬度地区约 1 km);根据天气系统的高度分布特征,垂直分辨率预设为随高度的增加而降低,默认的高度间隔低层为 500 m,中层为 1 km,高层 2 km。除三维组网数据以外,用户还可以通过控制界面选择可以生成的产品或者中间数据。系统可以提供的主要产品为三维组网反射率数据,以及在其基础上生成的组合反射率、回波顶高度、垂直累积液态水含量、回波移向移速产品和回波位置外推产品;提供的中间数据有质量控制后的基数据、单站三维反射率数据(表 3.1)。

表 3.1　系统可输出的各级产品及性能表

产品或数据	数据精度	距离分辨率(°)
三维组网反射率数据	0.5 dBZ	0.01
单站笛卡儿坐标反射率数据	0.5 dBZ	0.01
质量控制后的体扫数据	0.5 dBZ	0.01
组合反射率	0.5 dBZ	0.01
回波顶	0.1 km	0.01
垂直累积液态水含量	0.5 kg/m²	0.01
回波位置外推	0.5 dBZ	0.01
回波移动	1 m/s	0.01

3.3.1　雷达资料质量控制情况说明

以下是雷达资料地物回波识别和电磁干扰回波识别的个例,图 3.6、图 3.7 分别是北京雷达 2008 年 8 月 8 日和 20 日,第一层回波强度及其经过质量控制后的回波强度的 PPI 图。从中可以看到:该系统很好地识别和剔除了地物回波和电磁干扰信号,明显提高了雷达资料的质量,但同时也发现,部分降水回波也被误判为地物回波,主要原因是这些区域回波的径向速度局地变化比较大,径向速度也接近 0 或没有径向速度观测值。

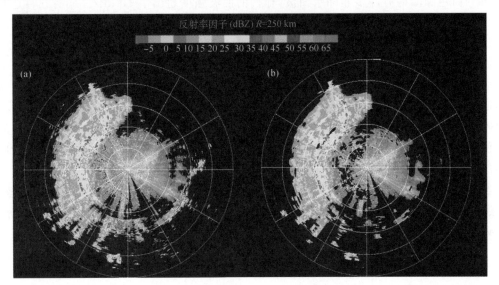

图 3.6　2008 年 8 月 8 日 23:00(世界时)北京雷达观测到的第一层回波强度(a)和经过质量控制后的回波强度(b)的 PPI 图对比

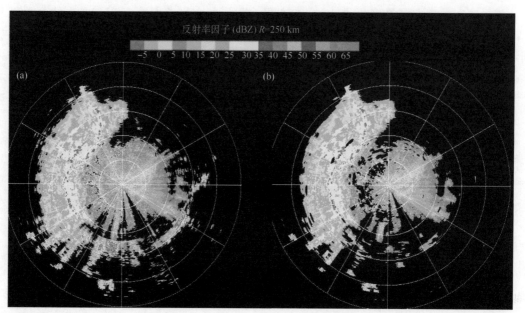

图 3.7　2008 年 8 月 20 日 21:00(世界时)北京雷达观测到的第一层回波强度(a)和经过质量控制后的回波强度(b)的 PPI 图对比

　　在奥运会前用统计方法检验了质量控制的效果。假设只要雷达资料的时间足够长,雷达观测区的降水系统的平均雷达回波强度就应该是比较均匀的,不会出现强的局地变化,而只有电磁干扰和地物回波会导致回波强度的局地变化。把 2007 年 8 月 1—31 日的 7740 个体扫的回波强度累加,结果如图 3.8 所示。图 3.8(a)是没有经过质量控制的第一层回波强度的累加,图 3.8(b)是第二层回波强度的累加,可以看出在雷达中心西北部和南部100~200 km的白色圆圈内有许多非降水回波,他们的回波强度超出了 40 dBZ。同时在雷达西南部有一些区域由于受地形阻挡作用,回波强度比周围的要弱,如黑色箭头所示。图 3.8(c)是经过质量控制后的第一层回波强度的累加。对比图 3.8(a)与图 3.8(c),超出35 dBZ的非降水回波基本被滤除,尤其在 150 km 范围内的识别效果很好。在 150 km 外也去除了大部分的非降水回波,但仍然有一小部分回波没有去除干净。同时也可以看出有非降水回波的雷达回波图非常杂乱,而经过质量控制后,去除了非降水回波的雷达图则比较均匀,结构比较清晰,从雷达中心向外,平均回波强度随距离增大而增强。同时在雷达中心西北部的某些方位的地形阻挡比较严重,在回波图上可以明显地看出受地形阻挡的方位上回波强度比周围的回波强度弱。

　　当然,识别非降水回波是一个非常复杂的问题,因此质量控制的方法还需要进一步改善,如上述个例中在 150 km 范围外的非降水回波仍然有一小部分没有被完全识别出来。另外,还有必要研究对地形阻挡导致的回波偏弱的订正方法。

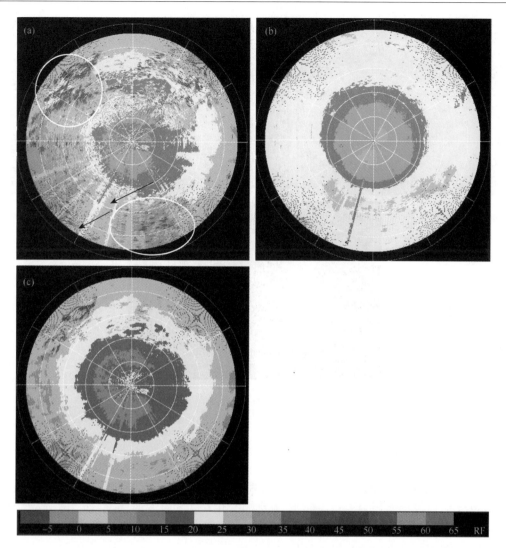

图 3.8　2007 年 7 月 1—31 日天津雷达没有经过质量控制的第一层仰角回波强度累加图(a)、没有经过质量控制的第二层仰角回波强度累加图(b)、经过质量控制的第一层仰角回波强度累加图(c)(距离圈为 50 km)

3.3.2　三维拼图个例说明

以华北区域 2007 年 8 月 1 日强降水过程为例说明该系统的主要产品。本次过程采用北京、天津、石家庄、张北 4 部雷达进行组网,给出的拼图范围为:起始经度为 111.70°E,中心经度为 116.21°E,起始纬度为 35.35°N,中心纬度为 39.75°N,经向和纬向格距为 0.01°,在垂直方向上 1～21 km 的范围内,最小层距为 0.5 km。所有产品用三维显示系统显示。

(1)二维产品显示

图 3.9 给出了 2007 年 8 月 2 日 02:54 BT 的反射率因子,组合反射率因子,回波顶高三维组网产品。

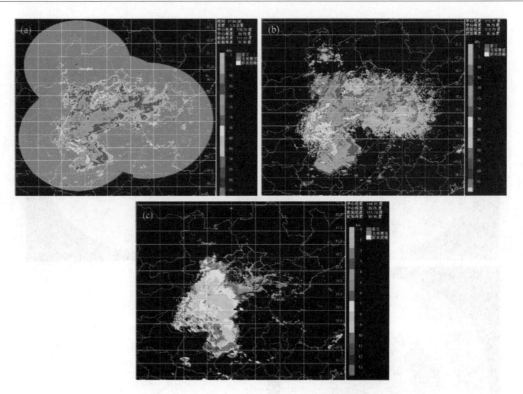

图 3.9　2007 年 8 月 2 日 02:54 BT 的部分二维显示产品
(a. 5 km 高度上的反射率因子的等高平面位置显示(CAPPI),b. 组合反射率因子,c. 回波顶高)

　　图 3.10 所示的是 2007 年 8 月 2 日 02:54 BT 组合反射率产品通过选取不同的阈值,实现颜色的过滤功能。通过选取不同的阈值,实现不同阈值的分级显示。图 3.10(a)是只显示 10 dBZ 以下的弱回波的情况,图 3.10(b)是显示 20 dBZ 以下的回波情况,图 3.10(c)是显示 30 dBZ 以下的回波的情况,图 3.10(d)是显示 40 dBZ 以下回波的情况,图 3.10(e)是显示 50 dBZ 以下回波的情况,图 3.10(f)是显示全部回波的情况,通过分级显示可以提取出所需要的回波范围,对于更准确地分析回波分布非常重要。

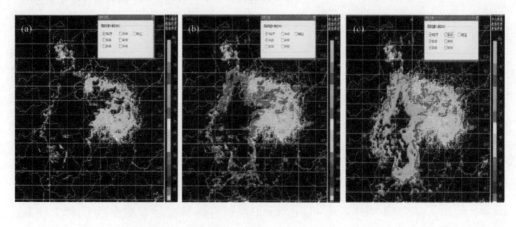

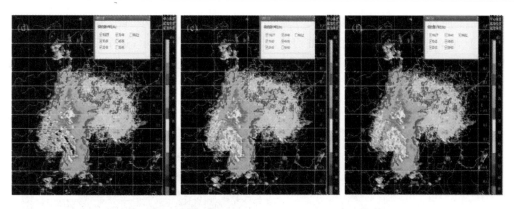

图 3.10　2007 年 8 月 2 日 02:54 BT 组合反射率颜色过滤
（a. 10 dBZ 以下的回波，b. 20 dBZ 以下的回波，c. 30 dBZ 以下的回波，d. 40 dBZ 以下的回波，e. 50 dBZ 以下的回波，f. 全部回波）

（2）三维产品显示

图 3.11 是 2007 年 8 月 2 日 02:54 BT 资料的整体三维显示。图 3.11(a)是初始显示的状态，其中上面三个小视图分别对应 XZ、XY 和 YZ 三个坐标面，下面的大视图是三维切面。整个实体可以旋转放大，任意切面可以旋转移动，通过光标可获取回波的空间位置（经度、纬度、海拔高度）和回波强度，如图 3.11(b)所示。图 3.11(c)是通过光线投影算法对回波体进行三维重建后整体显示的效果。

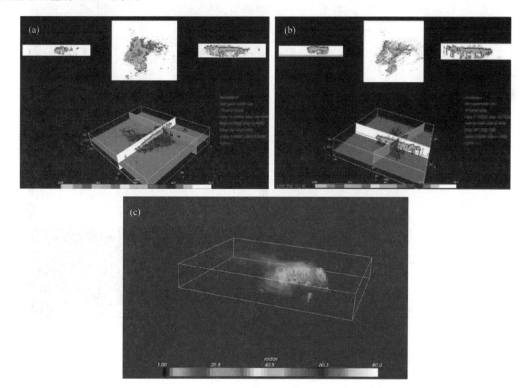

图 3.11　整体三维显示
（a. 为初始切面显示，b. 为旋转切面显示（包括显示所选点的坐标与回波值），c. 为回波体重建显示）

　　图 3.12 所示的是二维和三维的交互显示。选中三维切面显示功能,在二维显示界面任意框选一块区域,显示出所选区域的三维切面,如图 3.12(a)、(b)所示;选中三维重建,在二维显示界面中任意框选一块区域,显示出所选区域的回波体三维重建效果,如图 3.12(c)、(d)所示;选中任意切面显示功能,在二维显示界面中任意画线,显示出所选切线的切面效果,如图 3.12(e)、(f)所示。

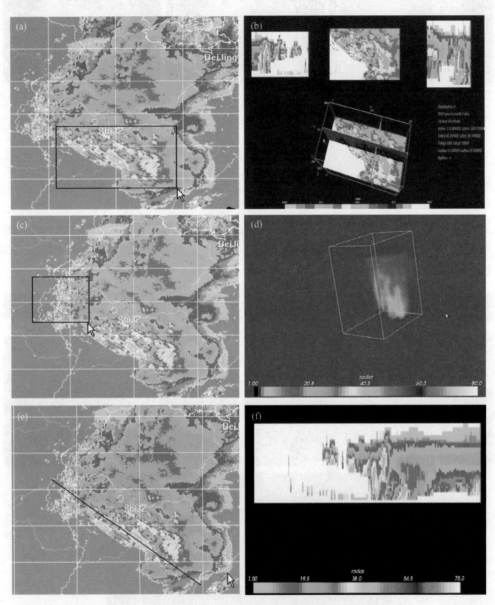

图 3.12　二维和三维的交互显示

（a. 为空间切面截取,b. 为空间切面显示,c. 为回波体重建截取,d. 为回波体重建显示,e. 为任意平面截取,f. 为任意平面显示）

第 4 章　多普勒雷达资料反演三维风场的两步变分法

4.1　多普勒雷达资料反演三维风场的基本原理和方法

多普勒天气雷达除了提供大气中云雨粒子的回波强度信息外,还可以根据这些反射体移动的速度得到沿雷达射线方向的大气运动速度——径向速度,这为气象工作者从雷达观测资料中获取高分辨率的风场开启了希望之门。因此,自多普勒天气雷达问世起,由多普勒雷达观测资料反演风矢量场的研究就一直没有间断过。如果一个地区同时被两部(或两部以上)雷达所覆盖,除了在两部雷达连线附近的区域外,就有风矢量的在两个方向上的投影的观测值,如果利用连续方程给出的风的三个分量间的关系,那么原则上就可以由雷达观测提供的径向速度资料反演出三维风场。不幸的是,能被我们现在的业务天气雷达网的两部雷达同时覆盖的地区非常少,解决如何由单个雷达提供的资料反演风矢量场的问题就有很大的现实意义。

仅凭一个时刻的雷达径向速度资料想要得到二维或者三维风场,这无疑还需要其他信息的协助。这些信息可能来自两方面:其一是雷达径向速度的空间变化信息。雷达观测的径向速度在不同的位置代表的实际的风分量是不同的,或者说,在多个点得到的径向速度实际上给出了风矢量在多个不同方向的投影,但是它们不在同一个点,不能直接由它们合成风矢量。不过,虽然不同点的风矢量一般不相同,但是如果风场的空间变化不是特别剧烈,那么不同点的径向速度的观测就有可能为推断一个点的风矢量提供可用的信息。陶祖钰(1992)提出的VAP(Velocity Azimuth Processing,速度方位处理)方法就是直接认为在低仰角的同一个扫描半径上,相邻两个方位角上的径向速度观测点处水平风相同。那么按照上面的分析,这两个点的径向速度观测就相当于给出了水平风在两个方向上的投影,由他们就可以合成水平风矢量。一般来说,雷达观测的方位角间距为 1°左右,在半径为 25 km 的距离处,这两个点的距离是 436 m,一般情况下可以认为他们的水平风相等。不过要注意的是,这时候由这两个点的径向速度观测得到的两个风分量之间的夹角只有 1°,他们的方向接近平行,在由他们合成矢量时其结果对观测数据的误差也就很敏感。因此这一方法实际应用时如何去除观测误差非常重要。理想的情况应该是两个计算点的距离尽量小,而其径向之间的夹角尽量大。如果雷达的扫描仰角接近 90°(指向天顶),从水平风反演的角度看就可以实现这一要求。这就是风廓线仪的测量原理。不过这不符合一般天气雷达体积扫描的方式,因为我们更希望知道的是大范围内的情况。这时候要求计算点的方位角之间相差比较大,再假设计算点上风速相等就不够合理了。Browning 等(1968)假设水平风在一个平面上是线性变化的,从而导出在同一个扫描半径上雷达径向速度随方位角的变化完全可以用一个截断到 2 阶的傅里叶谐波函数描写出来,在不计雨滴下落速度的空间不均匀性时,第一个谐波函数的振幅决定了该扫描半径范围内平均的水平风速的大小,风向则由其位相决定。这一方法就是目前广泛使用的 VAD(Velocity Azimuth Display,

速度方位显示)方法。按照这一方法可以得到雷达观测点附近的平均水平风的垂直廓线以及散度和垂直速度。将 VAD 方法得到的风廓线和附近点的探空仪得到的风廓线比较发现(Andersson 1998；Ciffelli *et al*. 1996；邵爱梅等,2009),在大多数情况下 VAD 方法得到的风廓线还是可信的。这一方法计算简单,容易实现,不过由一部雷达的观测只能得到一个点的风廓线,这无法满足我们要得到高空间分辨率的风场的愿望。VVP(Volume Velocity Processing,体积速度处理)方法(Waldteufel *et al*. 1979)朝这一方向前进了一步,这一方法将水平风是线性变化的假设的适用范围缩小到一个包含足够多的径向速度观测的较小的体积内。在这一假设下也有可能得到这一体积内的平均风。不过由于计算体积的缩小这一方法也出现了和 VAP 方法类似的问题:计算体积内各个点的径向之间的夹角不够大,使得所要求解的代数方程组是病态的。一些研究提出了解决这一问题的办法,得到了较好的结果(Koscielny *et al*. 1982；Li Nan *et al*. 2007)。不过,这一方法仍然要求用于计算的体积足够大,这使得反演的风场空间分辨率不高。

　　除了雷达径向速度的空间变化为风场反演提供信息外,雷达信号(回波强度和径向速度)的时间变化也可以为风场反演提供信息,因为这种时间变化应该和风有密切关系。而雷达观测有很高的时间分辨率,一般完成一次体积扫描的时间为 5～6 min,而一次平面扫描的时间约1 min,这样就有可能通过连续的观测来追踪雷达回波或径向速度的演变,进而推断流场。TREC(Tracking Radar Echoes by Correlation,雷达回波相关跟踪)技术(Johnson *et al*. 1998)就是通过计算两次观测期间各个样本区域之间的回波强度的相关系数来确定空气质点的运动轨迹。在四维变分同化(4DVAR)方法(LeDimet *et al*. 1986)出现后,Sun 等(1991,1997)随即将这一方法用于由雷达观测资料反演风场以及其他大气变量,将风场反演推进到了动力反演阶段。4DVAR 将资料同化问题表述为反演初始场的问题,需要多次迭代求解控制方程的伴随方程来得到极小化目标函数所需要的梯度。4DVAR 方法计算量较大,这给业务上的运用带来了困难。为了克服这一困难,Qiu 等(1992,1996)提出的简单伴随方法及最小二乘方法两种变分反演方法将回波守恒方程或径向分量的动量守恒方程作为控制方程,水平风成为方程中的待定参数,于是将问题表述为反演参数的问题,大大减少了计算量。这两者的基本区别是前者将控制方程作为强约束,后者将其作为弱约束。在用于高时间分辨率的机场雷达平面扫描资料的风场反演时这两种方法有很好的表现(Qiu 1992；Xu 1995)。

4.2　多普勒雷达资料反演三维风场的两步变分法

　　试验表明,将 Qiu 等(1996)提出的变分反演方法用于三维体扫资料的反演时效果不理想,这是因为相对该方法而言,两次体扫之间的时间间隔比较长,雷达信号的时间变化提供的信息不足以为反演提供充分的信息,加上体扫观测的资料空缺区也比较大,增加了反演的难度。为了解决这些困难,Qiu 等(2006)建议将 VVP 这类方法和变分方法结合起来,将上面提到的来自于两方面的信息都加以利用,提高反演的质量。具体方法如下。

　　第一步假设可以用 n 阶多项式描写风的三个分量的空间变化,即

$$\begin{cases} u(x,y,z) = \sum_{n_x=0}^{n}\sum_{n_y=0}^{n}\sum_{n_z=0}^{n} a_{n_x,n_y,n_z} P_{n_x}(x)Q_{n_y}(y)R_{n_z}(z) \\[2mm] v(x,y,z) = \sum_{n_x=0}^{n}\sum_{n_y=0}^{n}\sum_{n_z=0}^{n} b_{n_x,n_y,n_z} P_{n_x}(x)Q_{n_y}(y)R_{n_z}(z) \\[2mm] w(x,y,z) = \sum_{n_x=0}^{n}\sum_{n_y=0}^{n}\sum_{n_z=0}^{n} c_{n_x,n_y,n_z} P_{n_x}(x)Q_{n_y}(y)R_{n_z}(z), \end{cases} \tag{4.1}$$

这里，$P(x)$，$Q(y)$ 和 $R(z)$ 是 3 组 n 阶勒让德正交多项式，通过极小化下面的目标函数得到所需要的展开系数 a，b 和 c：

$$J(a,b,c) = \frac{1}{2} \sum_{i,j,k} (v_r^m - v_r^{obs})^2_{i,j,k} \tag{4.2}$$

这里 (i,j,k) 是计算网格点的编号，v_r^{obs} 是观测的径向速度，v_r^m 是由反演的风分量 (u,v,w) 以及雨滴下落速度 w_T 按照下面的公式计算的径向速度：

$$v_r^m = \frac{(x-x_0)u + (y-x_0)v + (z-z_0)(w-w_T)}{r} \tag{4.3}$$

这里 (x_0,y_0,z_0) 是雷达坐标，r 是雷达到计算点的距离。w_T 一般按照经验公式由雷达回波强度 $Z(dBZ)$ 决定，比如一个常用的公式是（Sun and Cvook，1997）：

$$w_T = 5.4 \times 10^{0.00714(Z-43.1)} \tag{4.4}$$

通常可以取多项式的阶数为 $n=2$ 或 $n=3$，这样的假设精度高于一般的 VAD 和 VVP 方法，得到的风场还是比较光滑的，但是不能刻画更精细的风场特征。

第二步将第一步得到的风场作为背景风场再按照一般的变分反演方法进行反演。这时候目标函数可以由 5 部分组成：

$$J(u,v,w) = J_B + J_O + J_C + J_P + J_E \tag{4.5}$$

J_B 是背景场项，定义如下：

$$J_B = \frac{1}{2} \sum_{i,j,k} [W_{u_B}(\bar{u}^{xy} - u^B)^2 + W_{v_B}(\bar{v}^{xy} - v^B)^2 + W_{w_B}(\bar{w}^{xy} - w^B)^2] \tag{4.6}$$

其中变量 (u,v,w) 的上标 B 表示背景值，W 是权重，$\bar{u}^{xy} = 0.5u_{i,j} + 0.125(u_{i+1,j} + u_{i-1,j} + u_{i,j+1} + u_{i,j-1})$ 是水平平滑后的风分量，$\bar{v}^{xy}$ 和 $\bar{w}^{xy}$ 类似。

J_O 是观测项，和 (4.2) 式相同，不过控制变量直接是网格点上的 (u,v,w)。

$$J_C = \frac{1}{2} \sum_{i,j,k} W_C \left(\frac{\partial u}{\partial x} + \frac{\partial v}{\partial y} + \frac{\partial w}{\partial z} - kw \right)^2 \tag{4.7}$$

(4.7) 式是将连续方程作为弱约束。这里 $k = -\partial(\ln\rho_0)/\partial z$，$\rho_0$ 是标准大气的密度。

J_P 是惩罚项，用于滤除观测噪声，增加反演的稳定性。采用下面的形式：

$$J_P = \frac{1}{2} \sum_{i,j,k} [W_{p_u}(d^2 \nabla^2 u)^2 + W_{p_v}(d^2 \nabla^2 v)^2 + W_{p_w}(d^2 \nabla^2 w)^2] \tag{4.8}$$

这里 d 是水平格距，W 是权重，∇^2 是水平拉普拉斯算子。

J_E 是动力约束项，雷达信号时间变化提供的信息在这里引入。将信号（回波强度或者径向速度）变化的控制方程 E 作为弱约束，通常可以将 J_E 写为

$$J_E = \frac{1}{2} \sum_{i,j,k} W_E E^2 \tag{4.9}$$

Qiu 等（2006）利用雨水含量（记为 M）守恒方程

$$E = \frac{\partial M}{\partial t} + u\frac{\partial M}{\partial x} + v\frac{\partial M}{\partial y} + w\frac{\partial M}{\partial z} - \frac{\partial Mw_T}{\partial z} \tag{4.10}$$

雨水含量由经验公式计算：$M = 0.01Z^{0.5}$（Zawadzki et al. 1993）。万齐林等（2005）在同化雷达速度资料时提出了"视风速"概念，所谓"视风速"（记为 V_s）就是沿雷达信号空间梯度方向的风分量。

将 (4.10) 式改写为

$$\frac{\partial M}{\partial t}+\frac{\partial M w_T}{\partial z}=u\frac{\partial M}{\partial x}+v\frac{\partial M}{\partial y}+w\frac{\partial M}{\partial z} \tag{4.11}$$

用 M 的梯度的模 $|\nabla M|$ 除以(4.11)式的两端得到视风速:

$$\left(\frac{\partial M}{\partial t}+\frac{\partial M w_T}{\partial z}\right)\Big/ |\nabla M|=V\cdot\nabla M/|\nabla M|=V_s \tag{4.12}$$

根据两个时间的雷达回波强度观测推断的 M,可以用差分方法计算 $\frac{\partial M}{\partial t}$ 和 ∇M,于是得到 V_s。这样在除了径向速度外还有了风的另一个分量。在实际计算时候要给 $|\nabla M|$ 设定一个临界值,当 $|\nabla M|$ 过小时这一点的 V_s 不能使用。如果采用视风速作为动力约束,那么 J_E 可以写为 $J_E=\frac{1}{2}\sum_{i,j,k}W_E(V_s^m-V_s^{obs})^2$,这里 V_s^{obs} 是按照(4.12)式计算的 V_s,而 V_s^m 是将反演的风投影到 M 的梯度方向得到的值。和直接采用雨水含量守恒方程作为动力约束相比,采用视风速相当于让雨水含量守恒方程的权重和 $|\nabla M|^2$ 成反比,增加了 $|\nabla M|$ 小的地区的权重。另外,由于 V_s 有风速的量纲及数量级,也便于确定它的权重。试验表明采用"视风速"后对垂直速度的反演有明显改善。

4.3 两步变分方法用于一次梅雨锋暴雨过程的风场反演

2003 年 6 月 29 日前后淮河流域出现了一次暴雨过程,利用两步变分方法反演这一天的三维风场。用于反演的雷达资料来自于合肥($31°52'1''N,117°15'28''E$)的 S 波段多普勒雷达(WSR-98D)。采用 14 层的 VCP11 观测模式进行连续体积扫描观测,每个体扫的时间为 5～6 min,仰角 $0.5°\sim19.5°$。径向速度和回波的最大观测距离分别是 230 km 和 460 km,相应的库距分别是 250 m 和 1000 m。反演范围是水平 260 km×260 km,垂直 10 km,以雷达所在位置为水平坐标原点。计算网格距水平 1 km,垂直 0.5 km。图 4.1 是 29 日 13:13 BT 在 3 km 高度第一步反演背景水平风场(图 4.1(a)),最后反演的水平风(图 4.1(b))及过 $y=-75$ km 处的 $x-z$ 剖面的回波强度和垂直速度(图 4.1(c))。图上显示计算区东南侧有一强回波带(最

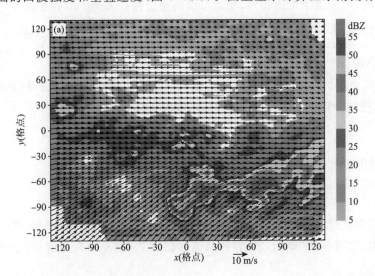

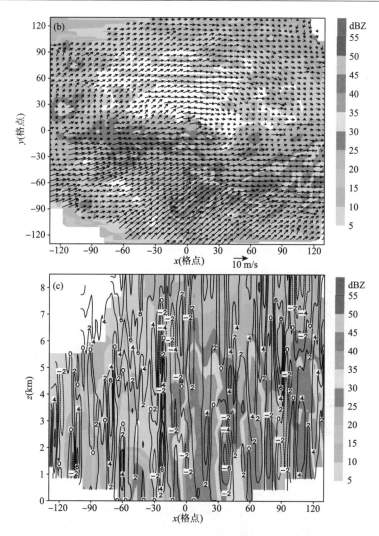

图 4.1　2003 年 6 月 29 日 13:13 BT 在 3 km 高度第一步反演得到的背景水平风场(a),最后反演的水平风(b)和过 $y=-75$ km 处的 $x-z$ 剖面的回波强度和垂直速度(c)

大达 50 dBZ),处于西南气流和西风气流形成的辐合带南侧。第一步反演已经可以得到水平风的基本形态,不过风场比较光滑,北部风速过大,第二步反演后中尺度结构特征较为明显。从 $x-z$ 剖面图看到,在 3 个大于 30 dBZ 的强回波带的中心地区都存在 4 m/s 左右的上升区,其间是 3 个下沉带,而西侧的西南气流区内也是大片上升区。

4.4　两步变分方法用于雷达风场的组网反演

目前中国的新一代多普勒天气雷达观测网已经基本布设完毕,其提供的较大范围内的雷达回波强度及风场信息对于提高对强对流天气的预警水平有重要的意义。由于单部雷达反演风场的技术还不够成熟,目前在业务上还没有实现雷达反演风场的组网。根据我国目前的气象雷达观测网的情况看,大部分地区只有单部雷达观测资料,也有相当一部分区域内同时有多部雷达观测资料,为了实现反演风场的组网应用,可以将两步变分方法改造,使之能同时利用多部雷达的观测资料反演风场,也就是说在只有一部雷达资料的地区只使用一部雷达的资料,而在有多部雷达资料的地区同时使用多部雷达的资料。实现这一点并不困难,只要将(4.2)式和(4.9)式表示的目标函数扩展到多个雷达的情况就可以。因为双雷达资料得到的风场比单雷达可靠,而在第一步反演背景风时,风场在全场被表示为按照 n 阶正交多项式展开的形式,这样不只是在双雷达覆盖区会改善反演结果,对其他地区也会有正面的影响。下面是两个用多部雷达资料反演风场的例子,一个是一次台风过程,另一个是一次梅雨锋暴雨过程。

图 4.2 是利用长乐和厦门两部雷达反演的 2006 年 7 月 14 日 01:53 BT 台风"碧利斯"在福建登陆时 3 km 高度的水平风和垂直速度。可以看到反演的水平风涡旋结构清晰,但不完全对称。东南侧风速小,有向台风中心卷入的气流,西部和北部风速大。台风中心附近有弱的下沉气流,外围有强的上升区。在过台风中心的 $y-z$ 剖面垂直速度图(图 4.3)中看到,台风中心($y=110$ km)附近 5 km 以下大约 15 km 范围内有 1 m/s 左右的下沉气流,而在下沉区以外约 40 km 范围内有强的上升运动,北部大于南部,北部在 5 km 高度附近达到 6 m/s,南部为 4 m/s。

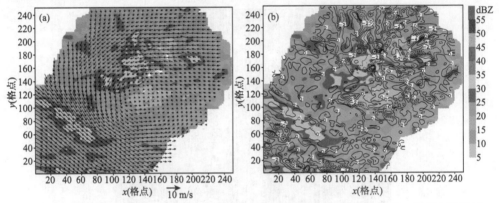

图 4.2　2006 年 7 月 14 日 01:53 BT 由厦门和长乐两部雷达反演的 3 km 高度水平风(矢量)(a)和垂直速度(等值线,单位 m/s)(b)(彩色为回波强度)

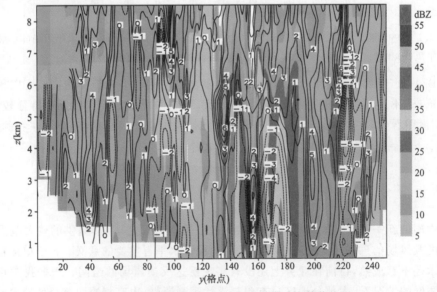

图 4.3　过台风中心的 $y-z$ 剖面垂直速度等值线图
(单位 m/s)(彩色为回波强度),台风中心在 $y=110$ km 附近

图 4.4 是 2008 年 6 月 9 日 02:00 BT 用合肥、阜阳、武汉、九江 4 部雷达得到的 3 km 和 5 km高度的回波强度和水平速度图。这是一次梅雨锋暴雨过程,从风场看,在(31.0°N, 115.0°E)附近有一个中尺度涡旋,外围伴有强的回波带,且两个主要的强回波带附近都伴有明显的风切变。

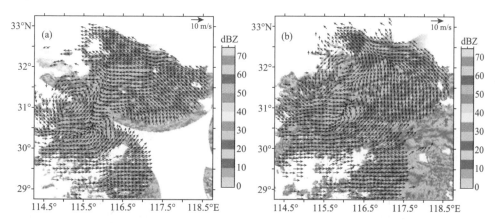

图 4.4　2008 年 06 月 09 日 02:00 BT 用合肥、阜阳、武汉、九江 4 部雷达得到的 3 km(a) 和 5 km(b)高度的回波强度和水平速度图

从上述两个例子看,将扩展的两步变分方法用于雷达组网的风场反演是可行的,所得到的水平风场结构是合理的,能反映一些中尺度系统的特征信息。

从多个反演个例看,两步变分法虽然能得到较为合理的结果,但是也有一些问题需要进一步研究解决,其中包括:(1)反演结果对目标函数中各项的权重有比较大的依赖性,目前是根据对各项的误差方程的估计量确定的,有一定的人为性,应该用较为客观的方法;(2)反演风场中的切向风分量主要来自于第一步反演的背景风场,而如果观测资料空缺区太大,就可能出现与 VAD 和 VVP 方法类似的问题,反演的风场误差较大;(3)反演的垂直速度误差较大,特别是在用多部雷达资料反演时,在两部雷达扫描范围的连接处容易出现水平风的不连续,引发虚假的垂直速度;在雷达站附近也容易出现虚假的辐散辐合,引发过大的垂直运动,这在对反演结果进行分析时需要注意。

第5章 多普勒天气雷达在临近预报中的应用

5.1 临近预报方法简介

基于雷达资料的临近预报技术,主要是对雷达回波的跟踪及外推。最普遍的方法是质心跟踪法,质心跟踪法对雷暴进行识别并计算其特征量,通过对相邻时刻的雷暴进行匹配,进行雷暴的跟踪(Dixon et al. 1993;Johnson et al. 1998)。以质心跟踪为基础发展起来的算法有TITAN、SCIT。另一种技术(French et al. 1992)是利用神经网络将反射率因子模拟成神经元来预报将来时刻反射率的位置。第三种方法是利用矩形次网格在搜索半径内寻找最大相关系数的方法来跟踪雷达回波(TREC)(Rinehart et al. 1978;Tuttle et al. 1990)。

5.1.1 回波特征追踪法

最通常的雷达回波特征追踪法就是单体质心法,它通过雷达连续扫描的两个相对应的雷达回波质量中心的移动距离来确认雷达回波的演变运动,这个质量中心通常就代表雷暴单体,因此它可以提供回波单体轨迹及特性的一些详细信息。

风暴的识别是基于连续的雷达体积扫描反射率因子资料实现的。风暴识别的具体做法是:第一步,将雷达径向排列的连续超过阈值的距离库识别为风暴单体段,并输出这些段上的信息;第二步,将符合条件的不同段组合成二维分量,并计算二维分量的信息;第三步,使这些分量垂直相关构成三维单体,再计算这些单体的属性。风暴单体跟踪是通过将当前体积扫描发现的单体与前次体积扫描的单体通过最优组合的方法作匹配来监视单体的移动。

由质心跟踪法发展的算法主要有 TITAN 算法(Thunderstorm Identification Tracking Analysis and Nowcasting;Dixon et al. 1993)、SCIT 算法(Storm Cell Identification and Tracking;Johnson et al. 1998)等。SCIT 算法突破了 WSR-88D 只用 30 dBZ 回波阈值的局限性,利用包含 30、35、40、45、50、55、60 dBZ 七个回波阈值的质心法来识别追踪雷暴单体的运动,大大改善了对雷暴单体的识别追踪能力,不仅能识别孤立风暴,而且还能弥补 WSR-88D 算法不能识别追踪线状雷暴、簇形雷暴回波的不足。图 5.1 是 TITAN 对风暴单体追踪的一个例子,图中椭圆表示对风暴的识别和追踪,可以看出有两个风暴将会向南移动,南部的风暴将衰减而北部的则会加强。

质心跟踪算法虽然在单体的识别上较交叉相关法有较大的进步,但这种方法仍然存在一些缺陷:一是质心跟踪依赖于阈值来辨别对流单体,对于层状云降水的预报不适合;二是从试验的一些情况看,该方法对回波较强、结构简单的单体识别效果较好,而对于一些结构比较复杂的对流天气(如台风、飑线等)的识别结果并不理想;三是不能给出回波强度的发展演变信息。

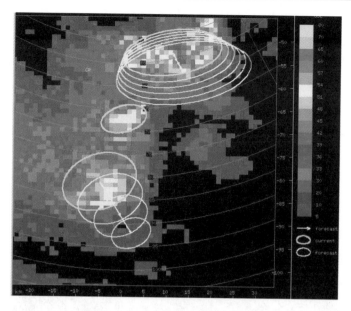

图 5.1　TITAN 对风暴单体追踪

　　质心跟踪法在强对流天气的预报、预警产品中得到广泛应用,如 TITAN 算法在美国 NCAR 发展的 Auto-Nowcast 等临近预报系统中得到应用;SCIT 算法已经在由美国国家海洋大气局国家强风暴实验室(NOAA/NSSL)开发的 WDSS(预警决策保障系统)和其他一些临近预报系统中应用。

5.1.2　交叉相关追踪法

　　交叉相关追踪法是用来追踪雷达回波移动的一种比较成熟的算法。这种方法的基本思想是:将第一时刻取得的雷达回波强度,向任一方向移过一定的距离,然后计算此回波强度与第二时刻雷达回波强度之间的交叉相关系数,相关系数极大值所对应的移动被认为是这两个时刻之间回波的移动,以此外推未来时刻回波的位置。

　　Hilst 等(1960)用计算机实现了这种方法,Rinehart 等(1978)第一次将雷达回波划分为若干个大小相当的"区域",利用交叉相关方法分别求取每个"区域"的移动矢量,得到了雷达回波的不同移动,突破了以前整个雷达回波只用一个平均移动矢量的状况,这种技术就是我们常说的 TREC(Tracking Radar Echoes by Correlation)方法。Li 等(1995)对 TREC 进行了拓展,称为 COTREC,采用二维连续方程消除了地物杂波等因素引起的杂乱位移矢量,并与多普勒速度进行对比,结果表明:COTREC 得到的回波移动比 TREC 得到的回波移动更接近多普勒速度。

　　这种方法的优点有两方面:一是对天气类型不敏感,便于对各种天气类型的回波进行跟踪,并且对回波位置的预报比较准确;二是只需两个时次的雷达回波强度,计算简单,运行时间短,便于业务应用。同时这种方法也存在不足:一是这种方法要么将雷达回波作为一个整体,要么将雷达回波随机地划分为若干个"区域",其物理意义不够明确,破坏了风暴结构的整体性;二是该方法不能得到回波强度发展演变的信息;三是该方法基于二维反射率因子场,不能全面反映回波的信息。

　　TREC 方法已经有了许多的应用,美国 NCAR 发展的 Auto-Nowcast 临近预报系统

(Mueller *et al*.,2003)及香港天文台发展的"小涡旋"临近预报系统中都采用了 TREC 方法来跟踪回波区域的移动,(Li *et al*.,2000)预报未来时刻回波的位置。图 5.2 为"小涡旋"系统采用 TREC 方法对 1997 年 8 月 2 日台风"Victor"回波移动的跟踪结果,从图中可以明显看出台风的旋转移动及台风眼。

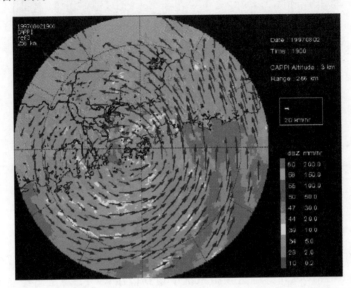

图 5.2　TREC 方法对 1997 年 8 月 2 日 19:00 台风 Victor 跟踪结果

5.1.3　神经网络预报方法

人工神经网络简称神经网络,是目前国际上许多学科发展的热点,是由大量称为神经元的简单信息单元广泛连接组成的复杂网络,靠神经元对外部输入信息的动态响应来处理信息。该方法具有较好的自学习功能及处理非线性问题的能力,在大气科学研究领域越来越受到重视。目前,国内外开展的人工神经网络在气象学科中的应用研究主要集中于预报方面。

人工神经网络有多种模型,应用最广泛的模型之一就是 BP(back propagation,前馈多层网络)模型。一般三层的 BP 模型包括输入层、隐藏层和输出层(图 5.3)。除了输入层外,每一结点的输入为前一层所有结点输出值的加权和。用神经网络方法进行预报,一般要经过三步:第一步,要通过学习来训练神经网络,训练的过程就是调节连接的权重使得预报值和观测值之间的误差最小;第二步,用神经网络对独立的输入量进行验证;第三步,训练、验证成功的神经网络就可以对任何输入进行预报输出。

美国的强风暴中心在短期预报中,以地面抬升指数和地面水汽辐合为输入要素,进行了神经网络的雷暴业务预报系统研究。French 等(1992)以 Rodriguez-Iturbe 发展的降水数学模型产生的二维降水场作为输入,利用三层的 BP 神经网络对降水的时空分布做出了 0~1 h 预报,并对预报结果与观测的降水场进行了对比,结果表明神经网络有能力学习降水演变的复杂时空关系,在大多数个例中效果较好。南京气象学院陈家惠等(2000)从雷达资料的反射率因子和径向速度中提取了六个回波块的特征分量(圆形度、细长度、散射度及凹度四个傅立叶描绘子及几何中心的坐标(x,y))作为神经网络输入,进行了利用雷达资料作临近预报的人工神经网络方法的尝试。

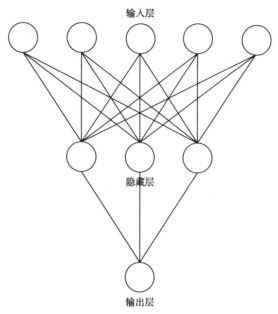

图 5.3　BP 神经网络框图

　　虽然神经网络预报方法的设想比较理想,但具体实施起来却有相当的难度,还不够成熟。其一,神经网络的训练是该方法的核心,输入输出样本之间的非线性优化问题是一个复杂的问题,输入样本的代表性、正交性及误差函数等因素都会影响神经网络的训练;其二,由于神经网络依赖于样本的训练,对于训练过的某种天气类型的神经网络,则不能适用于其他类型天气的预报,因而限制了其在业务应用方面的推广。

5.2　基于最大相关系数的雷达回波跟踪方法在暴雨临近预报中的应用

　　暴雨是对我国影响范围最大、造成的洪涝灾害最严重的天气系统,一般年份,暴雨灾害造成的直接经济损失就高达数十亿元。质心跟踪算法对回波较强、体积较小的对流单体跟踪效果比较好,对于结构比较复杂、体积比较大的台风暴雨、梅雨锋暴雨等的识别存在一定难度。由于 TREC 方法适用于各种天气系统,特别是对大范围降水的跟踪预报是质心跟踪算法不能相比的,并且在 2000 年悉尼奥运会的 WWRP-FDP 项目期间,评价小组认为:对于回波位置的临近预报,还没有一种算法能够明显优于 TREC 方法。因此,为了预报大范围的台风暴雨等过程,我们选择 TREC 方法来跟踪台风暴雨和结构比较复杂的暴雨系统的回波移动。

　　为了对我国结构比较复杂的暴雨系统进行预警及临近预报,减少洪涝灾害的发生,针对我国暴雨天气的主要特点,对 TREC 方法中参数的选取进行了分析,提出了该技术在我国暴雨临近预报中的最优参数配置,并对移动矢量场进行了连续性检查,有效地去除了杂乱矢量。在此基础上,利用 2006 年广东的一次强暴雨过程的观测资料,考察了 TREC 方法的预报能力,分析了雨强、回波强度 CAPPI 及组合反射率因子三种物理量的跟踪、预报结果,虽然以 CR 为物理量的跟踪、预报结果稍逊于前两者,但给出了最强回波的发展信息。

5.2.1　TREC 跟踪预报方法

　　(1)跟踪方法简介

　　TREC 是交叉相关法的一种发展。交叉相关法将整幅图像上的回波作为一个整体处理,跟踪整个回波区域的移动,而 TREC 方法将回波区域划分成若干个矩形区域,跟踪每个区域的移动。TREC 方法的示意图如图 5.4 所示。

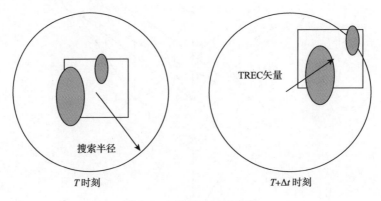

图 5.4　TREC 方法示意图

将第一时刻的回波图像中的一个矩形区域,在搜索半径内向任一方向移过一定的距离,然后计算此矩形区域与第二时刻相同大小的矩形区域之间的交叉相关系数 R,对于不同的移动位置,会得到不同的相关系数值,直到找到极大值 R_{max} 为止,具有最大相关系数的移动就是 TREC 矢量,即用作外推预报的位移矢量。计算公式如下:

$$R = \frac{\sum \mathbf{Z}_1(i)\mathbf{Z}_2(i) - n^{-1} \sum \mathbf{Z}_1(i) \sum \mathbf{Z}_2(i)}{\left[\left(\sum \mathbf{Z}_1^2(i) - n\bar{\mathbf{Z}}_1^2\right)\left(\sum \mathbf{Z}_2^2(i) - n\bar{\mathbf{Z}}_2^2\right)\right]^{1/2}} \tag{5.1}$$

式中 $\mathbf{Z}_1,\mathbf{Z}_2$ 分别为 T 时刻和 $T+\Delta t$ 时刻反射率因子雨强的矩阵。n 为矩阵的数据点数。那么,通过上式就可以求出间隔 Δt 时间的两个矩阵的相关系数,重复这个过程,直到找到最大的相关系数,此时,从 T 时刻矩形区域的中心位置指向 $T+\Delta t$ 时刻矩形区域的中心位置的矢量即为 TREC 矢量。据此外推 $T+N \cdot \Delta t$ 时刻暴雨的位置。

搜索半径根据最大期望速度计算:

$$S_{半径} = V_{max} \times \Delta t \tag{5.2}$$

式中 V_{max} 是雨带移动的最大期望速度(这里采用 60 km/h),Δt 为时间间隔。

(2)移动矢量场的平滑处理

由 TREC 方法得到的移动矢量场,由于地物杂波等因素影响,会存在一些错误的移动方向或零矢量,为了消除这些错误的移动方向,提高 TREC 矢量场的连续性,我们采取了以下两步进行连续性检查:

①如果一个 TREC 矢量与其周围矢量的平均方向相差超过 20°,则用其周围 8 个点的平均矢量来替代这个 TREC 矢量,零矢量也采用这种办法。

②对 TREC 矢量进行客观分析,得到连续的位移矢量场。

我们对 TREC 矢量的 u,v 分量分别进行客观分析,客观分析采用公式如下:

$$\alpha^*(i,j) = \alpha_0(i,j) + \Delta\alpha(i,j) \tag{5.3}$$

其中　　　　　　　$$\Delta\alpha(i,j) = \frac{\sum_k w(i,j,k)^2 \times \Delta\alpha(k)}{\sum_k w(i,j,k)} \tag{5.4}$$

$\alpha_0(i,j)$ 是变量 α 在格点 (i,j) 处的估测值,这里取 TREC 矢量场分量的平均值,$\alpha^*(i,j)$ 是变量

α 在格点 (i,j) 处的校正值，$\Delta\alpha(k)$ 是目标点 k 处的差值，这里为该点 TREC 矢量的分量与估测值之差，$w(i,j,k)$ 是目标点 k 在格点 (i,j) 处的加权函数。

$$w(i,j,k)=\begin{cases} \dfrac{R^2-d_m^2}{R^2+d_m^2} & d_m^2<R^2 \\ 0 & d_m^2\geqslant R^2 \end{cases} \tag{5.5}$$

d_m 为分析点与格点之间的距离及 TREC 矢量的函数，R 是影响半径。

（3）预报方法

预报是以运动估算、反射率因子的增长和减弱信息以及当前数据为基础，进行外推。对于每一个矩形区域来说，通过计算其均值的变化可以得到回波反射率因子增长减弱的信息，以此预报反射率因子的趋势变化。通过 TREC 矢量得到回波的移动方向和速度，预报回波的位置。也可以拟合连续 5 个时刻的 TREC 矢量场，作为回波的移动方向和速度。

①回波位置预报

在对台风暴雨预报时，由于台风雨带作旋转移动，如果预报时效较长，线性外推必然引起较大的误差，因此本研究采用两个时间层的半拉格朗日积分方法（图 5.5），半拉格朗日一维平流公式为：

$$\frac{\mathrm{d}Z}{\mathrm{d}t}=\frac{\partial Z}{\partial t}+U(x,t)\frac{\partial Z}{\partial x}=0 \tag{5.6}$$

$U(x,t)$ 为给定的函数，在这里 $U(x,t)$ 为 TREC 矢量的一个分量，x 方向与 TREC 矢量分量的方向相同，(5.6)式说明标量 Z 沿着轨迹是不变的，在这里 Z 为反射率因子。根据(5.6)式，在图 5.5 中有

$$Z_j^{n+1}=Z_*^n \tag{5.7}$$

$$x_*=x_j-U(x,t)\Delta t \tag{5.8}$$

Z_j^{n+1} 是 $n+1$ 时刻在点 j 处的反射率因子，Z_*^n 是 n 时刻在点 * 处的反射率因子，x_* 是点 * 的 x 坐标，x_j 是点 j 的 x 坐标，$U(x,t)$ 是 TREC 矢量的一个分量，Δt 是 $n+1$ 时刻与 n 时刻的时间差。

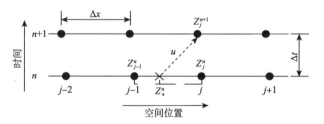

图 5.5　两个时间层的半拉格朗日积分方法

在对台风暴雨的外推预报中，我们在 TREC 矢量的 u、v 分量上分别应用半拉格朗日一维平流公式，时间步长为 6 min，分别计算出 u、v 分量上的位移，每 6 min 输出一次预报结果，该时刻每个格点上的值及移向、移速用作下一连续时刻的积分。

②回波强度预报

回波强度的变化是一个复杂的过程，连续两个时刻的雷达反射率因子的差异可以作为预报回波强度变化的信息。Tsonis 等(1981)、Wilson 等(1998)的研究表明，即使采用回波强度和面积大小的非线性外推（回波大小增加 15 min 然后递减）进行预报，与线性外推相比，预报

准确率的提高几乎是可以忽略的。因此,在预报回波强度时,我们采用线性外推的方法。由于TREC技术得到回波的多个移动矢量,在外推的过程中,难免有些格点的位置会有多个数据移入,同时又有些格点会没有数据移入,对于有多个数据移入的格点,本研究中采用了加权平均的方法,权重的大小与数据值的大小有关,数值大的权重大,数值小的权重小。为了消除那些无数据格点造成的影响,我们采用了 3×3 的窗口对数据进行了平滑。

5.2.2　参数的选择及跟踪结果

变化参数值,以研究不同参数条件下 TREC 方法的跟踪效果和存在的问题。这里将雷达资料处理成雨强的 CAPPI,进行雨带的跟踪及参数的敏感性试验。

(1)时间步长的影响

TREC 方法采用两个时次的雷达资料跟踪回波的移动,采用不同的时间步长,其跟踪结果会有所不同。以 2005 年卡努台风暴雨过程为例,选取 9 月 11 日 01:23—03:37 UTC(协调世界时,下同)的观测资料,对比分析了时间步长分别为 6、12、18 min 的 TREC 移动矢量场(图略),发现时间步长为6 min 的 TREC 移动矢量场方向一致性好,每个矩形区域移动速度的大小与周围区域的速度大小连续性好,变化比较均匀。时间步长为 12 min 的 TREC 移动矢量场,方向一致性虽然比较好,但在个别点上出现了杂乱的方向,每个矩形区域移动速度的大小与周围区域的速度大小连续性减弱,在某些区域变化较大。随着时间步长的增加,TREC 方法得到的移动矢量场,方向的一致性和速度大小的连续性均减弱。为了定量讨论时间步长的影响,我们通过不同时间步长的 TREC 矢量场之间的方差和相关系数(采用 TREC 矢量平滑之前的数据)来描述,从表 5.1 可以看出,时间步长为 6 min 时,方差要小于其他两者,说明 6 min 步长得到的 TREC 矢量场的波动程度小于其他两者,步长为 6 min 的 TREC 矢量场与步长为 12 min 的 TREC 矢量场之间的相关系数为 0.62,步长为 6 min 的 TREC 矢量场与步长为 18 min 的 TREC 矢量场之间的相关系数为 0.30,这说明选择的时间步长不同,TREC 矢量之间的相关性不同。同时随着时间步长的增加,计算 TREC 矢量的计算机时间增加。因此,在条件允许的情况下,我们尽量选取连续两个时次(间隔为 6 min)的雷达资料。

表 5.1　不同时间步长的影响

时间步长(min)	方差(m/s)
6	2.05
12	2.41
18	2.54

(2)矩形区域大小的影响

雷达图像上矩形区域的大小,受两方面制约,区域太小,由于包含的数据太少,就得不到稳定的相关系数,矩形区域太大,则给出的是一个平均的移动矢量,容易将一些小尺度的变化平滑掉。为此我们选择了区域大小分别为 15 km×15 km,20 km×20 km,30 km×30 km 的正方形进行了对比研究,可以看出(图略),这三种分辨率得到的 TREC 矢量场都能反映出台风的环流特征,但 15 km×15 km 的分辨率得到的 TREC 矢量,环流中杂乱的方向较多,20 km×20 km的分辨率得到的 TREC 矢量的环流更加平滑,并可以看到强回波区的辐合特征,这点从多普勒径向速度图上可以得到验证,而 30 km×30 km 分辨率得到的 TREC 矢量却将此特征平滑掉了。因此,在我们的研究中,正方形区域的大小设置为 20 km×20 km,每个正方形区域的中心间隔为 10 km,这样相邻的区域之间的数据点有 1/2 是重叠的。当然,对于不同的暴雨系统,区域大小的选择可以根据具体情况有所不同。

(3)阈值的影响

根据预报目的的不同,可以选取不同的阈值,在本研究中,目的是对暴雨进行预报,选取雨强阈值为 0.65、1.3、2.7 mm/h,分别进行试验研究,结果发现选择不同的雨强阈值对暴雨的跟踪结果不同,为定量描述这种影响,以卡努台风为个例,对 2005 年 9 月 11 日 01:23—03:37 UTC 的观测资料进行了不同阈值的跟踪,计算了不同阈值时 TREC 矢量之间的方差和相关系数,表 5.2 为研究时间段内不同阈值对应的 TREC 矢量场的方差平均值,可以看出,阈值为 1.3 mm/h 时,TREC 矢量的波动程度最小,从相关系数的平均值来看,不同阈值对应的TREC 矢量的相关性较好,相关系数均在 0.80 以上。因此,在我们的研究中选取 1.3 mm/h 为雨强阈值,对大于该阈值的数据进行暴雨跟踪及预报。

表 5.2　不同阈值的影响

阈值(mm/h)	TREC 矢量方差(m/s)
0.65	2.04
1.3	1.90
2.7	2.01

5.2.3　2005 年 6 月 23 日广东的强暴雨过程

(1)多普勒雷达观测资料及处理

2005 年 6 月 23 日广东发生了一次强暴雨天气过程。广州雷达($23.00°N,113.36°E$)和梅州雷达($24.26°N,115.99°E$)都观测到了这次过程,雷达均为 CINRAD/SA 型。

雷达坐标通常是以斜距、方位角和仰角表达的。由于笛卡儿坐标的几何表达便于实现数据格点化且分布比较均匀。因此,在研究中,将雷达坐标转换成笛卡儿坐标。在笛卡儿坐标系中,我们将资料处理成以下三种数据:回波强度的 CAPPI、雨强和垂直最大回波强度显示(CR)。

①回波强度的 CAPPI

由于预报的对象为暴雨,因此我们选取 4 个仰角较低的 PPI 数据,应用测高公式,用线性插值的方法得到选定高度上的数据。对于距雷达小于 20 km 的格点,选用 3.5°仰角的 PPI,距雷达 20~35 km 的格点,选用 2.5°仰角的 PPI,距雷达 35~50 km 的格点,选用 1.5°仰角的PPI,距雷达大于 50 km 的格点,选用 0.5°仰角的 PPI。

②雨强

将回波强度的 CAPPI 经 Z-R 关系转化成雨强,得到雨强的分布。由于该过程为对流天气,这里采用的 Z-R 关系为 $Z=300R^{1.4}$,

其中,Z,R 的单位分别是 mm^6/m^3 和 mm/h.

③垂直最大回波强度显示(CR)

应用体积扫描获取的回波强度数据,以 2 km×2 km 为底面,直到回波顶的垂直柱体中,对所有位于该柱体中的回波强度资料进行比较,挑选出最大的回波强度,从而得到最大回波强度的分布图像。

广东雷达为 S 波段新一代天气雷达(CINRAD/SA 即 WSR-98D),对反射率因子,CIN-

RAD/SA 雷达的最大可测半径为 460 km，库长为 1 km，但由于距雷达较远处的回波距地面太高，对暴雨的研究意义不大，因此分析 CAPPI 的半径选为 300 km。

(2)跟踪及预报结果分析

选取 6 月 23 日 00:13 UTC 时刻的广州和梅州雷达拼图资料(图 5.6)为例进行分析，采用回波强度 CAPPI、雨强、CR 得到的 TREC 矢量分别如图 5.6(a)、(b)、(c)所示，从这三幅图可以看出，三种资料得到的 TREC 矢量场的一致性非常好，暴雨雨带从西南向东北方向移动，移动方向和速度比较均匀，具有较强的组织性。以这三种 TREC 矢量场作为雨带的移动，可以预报未来时刻雨带的位置和强度，为了对这三种预报结果作出定量的比较，选取连续 2 h 的雷达资料进行跟踪、预报，这三种资料预报结果的定量评价见表 5.3。从表 5.3 可以看出，以反射率因子CAPPI和雨强得到的 TREC 矢量场作为雨带的移动方向，其预报结果的探测概率(P_{OD})、虚假警报比(F_{AR})、临界成功指数(C_{SI})(具体计算见 5.2.4 节)几乎没有差别，实际上，这与反射率因子 CAPPI 和雨强 CAPPI 之间存在转换关系密切相关。以 CR 的 TREC 矢量场作为雨带的移动，其预报结果的 P_{OD}、C_{SI} 比前两者的要稍微小一些，F_{AR} 稍微大一些，但差异并不大，这与 CR 的定义有关，不同高度上最强反射率因子随时间的变化要相对大一些，但其给出了未来时刻最强反射率因子的一些信息。从表 5.3 还可以看出，这三种预报结果的准确率均随着预报时效的增加在逐渐减小，虚假警报在逐渐增加。

表 5.3　预报评价结果随预报时间的变化

预报时效(min)	P_{OD}(反射率/雨强/CR)	F_{AR}(反射率/雨强/CR)	C_{SI}(反射率/雨强/CR)
6	0.95/0.95/0.94	0.14/0.14/0.14	0.83/0.83/0.81
12	0.91/0.92/0.90	0.18/0.18/0.18	0.77/0.77/0.75
30	0.88/0.88/0.85	0.26/0.26/0.28	0.67/0.68/0.64
60	0.81/0.81/0.77	0.33/0.32/0.35	0.58/0.58/0.53

图 5.7(a)、(b)、(c)分别为 15、30、60 min 的预报结果(大于阈值)和雷达观测图像，从图可以看出，15～60 min 的预报时效，预报图像和雷达观测图像的暴雨强度和位置比较相似，随着预报时效的增加(如 60 min 的预报)，在梅州雷达的正南方的雨带发生了分裂，而线性预报却没有预报出此分裂，这也是线性外推的局限性所在。

从图 5.6 还可以看出，2005 年 6 月 23 日广州梅州强暴雨的移动方向与雨带的长轴方向一致，这种特点表征极易在一个地方形成较长时间的降雨。图 5.8 为某一个格点在 1 h 内雷达观测到的雨强(实线)和预报的雨强(虚线)随时间变化的曲线，从中可以看出，在 1 h 内，暴雨的强度较大，这验证了上述降水区会持续较长时间而形成暴雨的预报。另一方面，预报的雨强与观测的雨强在前 30 min 吻合得比较好，而在后 30 min 雷达观测的雨强变化较大，但预报的雨强比较平缓，这也说明了随着预报时间的增加，预报的准确率在降低，这与图 5.7 的结果相一致。通过对连续时刻雨强的积分，可以得到 1 h 的累积雨量，图 5.9 为雷达观测的 1 h 雨量和预报的 1 h 雨量，可以看出，1 h 累积雨量的预报图像与观测图像基本吻合，落区和雨量比较一致，但是在梅州雷达的南部地区 1 h 累积雨量的预报值略大于雷达的观测值，这与雨带强度的发展变化有关，线性外推还不能准确地预报雨强的变化规律，在今后的研究工作中，应该加强对引发暴雨的强对流回波的发展演变规律的研究。

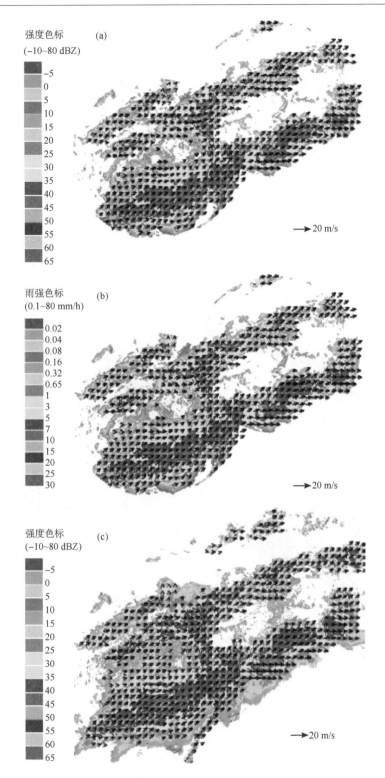

图 5.6　2005 年 6 月 23 日 00:13 UTC 广州和梅州的雷达拼图
(a)回波强度的 TREC 矢量;(b)雨强的 TREC 矢量;(c)组合反射率因子(CR)的 TREC 矢量场

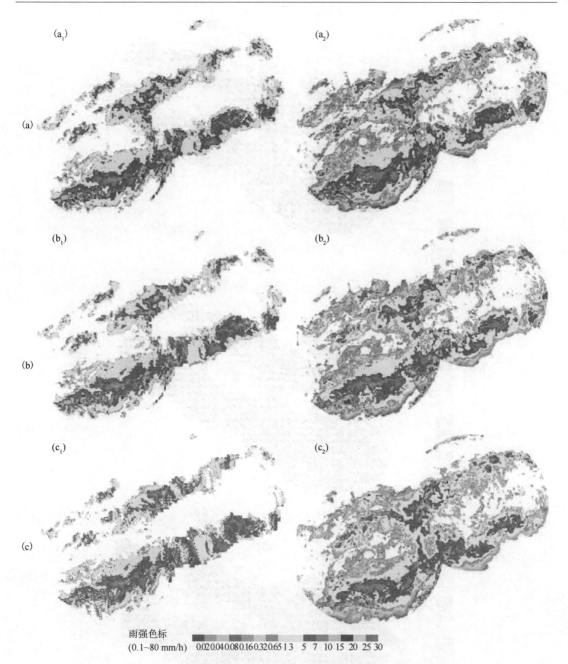

图 5.7　广州、梅州强暴雨的预报及雷达观测资料对比

(a)、(b)、(c)分别为 15 min、30 min、60 min 预报(a_1,b_1,c_1)和同时刻的雷达观测(a_2,b_2,c_2)

　　将连续 5 个时次的 TREC 矢量场进行最小二乘拟合,得到雨带的移动矢量,以此进行暴雨的外推预报,不同时效预报结果与雷达观测图像的定量验证结果见表 5.4,可以看出,TREC矢量场的拟合,提高了预报的准确率,但提高的幅度不大。

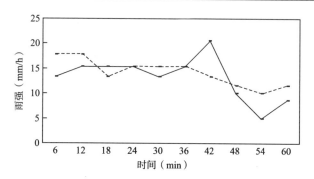

图 5.8　格点的雨强变化(实线表示实测,虚线表示预报)

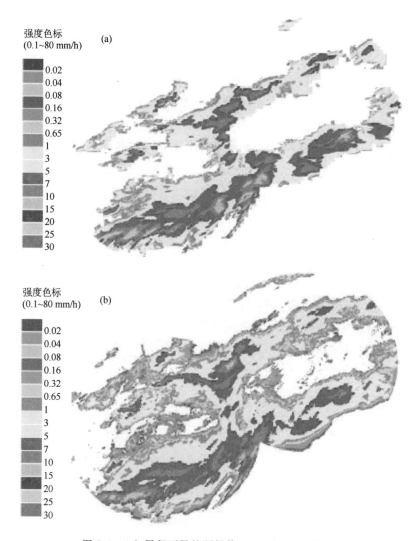

图 5.9　1 h 累积雨量的预报值(a)和雷达观测值(b)

表 5.4　拟合后 TREC 矢量的预报结果评价随预报时间的变化

预报时效(min)	P_{OD}	F_{AR}	C_{SI}
6	0.97	0.16	0.82
12	0.94	0.20	0.76
30	0.90	0.28	0.66
60	0.84	0.34	0.58

5.2.4　预报结果评价

(1)P_{OD}、F_{AR}、C_{SI}

通过预报图像和雷达实测图像的比较,可以得到预报结果的定性描述,同时也可以对预报结果进行定量的分析。将预报的数据和预报时刻雷达实际观测的数据逐个格点进行对比,如果实测和预报的格点数据都大于阈值,则认为该格点是成功,如果实测的格点数据大于阈值而预报的格点数据小于阈值,则认为该格点是漏报,如果实测的格点数据小于阈值而预报的格点数据大于阈值,则认为该格点是空报。由于研究中选取的格点间隔为 2 km×2 km,因此每个格点的面积为 4 km²。评价阈值的不同,结果也会有所不同,雨强阈值一般选择 1.3 mm/h,回波强度的阈值为 25 dBZ,探测概率(P_{OD})、虚假警报比(F_{AR})、临界成功指数(C_{SI})按以下定义计算:

$$P_{OD} = \frac{n_{成功}}{n_{成功} + n_{漏报}} \tag{5.9}$$

$$F_{AR} = \frac{n_{漏报}}{n_{成功} + n_{漏报}} \tag{5.10}$$

$$C_{SI} = \frac{n_{成功}}{n_{成功} + n_{漏报} + n_{空报}} \tag{5.11}$$

式中 $n_{成功}$、$n_{漏报}$、$n_{空报}$ 分别为预报图像中成功、漏报、空报的格点数目。

图 5.10 给出了预报结果的 C_{SI} 评价随预报时间的变化,由图可见,C_{SI} 值不仅与预报时间有关,而且与评价的阈值有关,C_{SI} 值不仅随着预报时间的增加递减,而且随着评价阈值的增加递减。

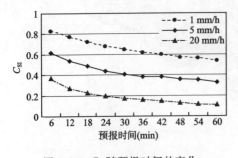

图 5.10　C_{SI} 随预报时间的变化

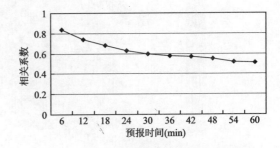

图 5.11　预报结果与雷达实测的相关系数

(2)相关系数

为了定量描述预报回波与雷达观测回波之间的相关性,计算了预报的雷达回波与同时刻的雷达观测回波之间的相关系数,计算公式为:

$$r = \frac{\sum (F_i - \overline{F})(O_i - \overline{O})}{\sqrt{\sum (F_i - \overline{F})^2} \sqrt{\sum (O_i - \overline{O})^2}} \tag{5.12}$$

其中 F_i 为预报值，$\overline{F}$ 为预报值的平均值，O_i 为观测值，$\overline{O}$ 为观测值的平均值。

预报雨强与对应观测雨强的相关系数随预报时间的变化如图 5.11 所示，可以看出相关系数随着预报时间的增加在减少，这和 C_{SI} 随时间的变化相似。30、60 min 的预报与实测的相关系数分别为 0.6 和 0.52，说明预报结果和雷达观测之间还是存在着一定的相关性。

5.3　暴雨回波的多尺度识别方法及其在临近预报中的应用

很多的研究工作表明单个的对流单体的平均生命史为 20 min 左右，Battan(1953)和 Foote 等(1979)发现单体的平均生命周期分别为 23 和 21 min，Battan(1959)认为飑线中的单个单体生命周期为几十分钟，而飑线的生命史则长达好几个小时。Wilson(1966)表明回波的移动和生命史与它的尺度大小存在密切关系，对于单独的单体或者多单体系统中的单个个体来说，超过 20 min 的外推预报已经很不可靠；而对于大的雷暴、超级单体或中尺度对流系统则可以外推较长时间。因此对回波外推时必须考虑到对流特征的尺度及预报时间，这是对回波进行多尺度识别的原因。

到目前为止，各个国家对临近预报技术仍在不断地探索。外推预报一直是临近预报的主要方法，但由于质心跟踪方法主要适用于孤立的较小尺度的风暴单体，对于上百千米的 β 中尺度系统（如飑线）及结构较复杂的对流天气（如台风）效果不是很理想。TREC 方法将整幅雷达图像分成若干个矩形次网格，对回波团的划分物理意义不够明确。近年来，聚类分析的应用越来越广泛，将分层的聚类分析方法应用于雷达回波的分割，可以实现暴雨回波的多尺度识别。由于暴雨回波的生命史与其尺度密切相关，因此可以根据预报时效的不同，选择不同的回波团识别尺度。

聚类分析方法对雷达图像的识别由 Vakshmanan 等(2001)提出，随后美国 NSSL 发展的 WDSS-II 系统中使用了这种识别方法进行回波团的多尺度识别，该方法在国内的应用尚属空白。这种方法不仅可以用在对雷达回波的分割，而且可以用在对卫星 TBB 资料的分割，也可以用于对闪电密度的分类之中。本节将利用聚类分析方法来实现暴雨回波的多尺度识别，并分析识别结果的合理性。

5.3.1　聚类算法介绍

聚类分析方法是数据分析领域中应用极其广泛的技术，它基于"物以类聚"的思想，将研究对象按照特征分组为多个类，每个类对象之间具有较高的相似度，而不同类对象之间的差别较大。相似度可以基于距离、密度或模型等来度量。Han 等(1994)把常用的聚类方法分为如下几类：分割法，分层法，基于密度的方法，基于网格的方法和基于模型的方法。

K-Means 算法属于基于分割的方法，是目前应用最为广泛的一种聚类方法。

分层聚类算法就是把所有的记录进行嵌套的过程，分层聚类可以通过两种方法实现：凝聚的方式和分裂方式。凝聚的方式是一种从底向上的方法，将每一条记录看做一个类，然后根据一些规则将他们聚合成越来越大的类，直到满足一些预先设定的条件，大多数的层次聚类方法属于这一类；分裂的方式是一种自顶向下的方法，与凝聚方式的过程相反，将整个数据库作为一个大的类，然后按照一些规则将这个类分成小的类，直到满足一些预定的条件。

(1)分层的 K-Means 聚类

分层的 K-Means 聚类的基本思想是:采用 K-Means 聚类方法将雷达的格点数据分割为不同的类,采用区域增长的方法将属于同一类的格点连接起来,相互连接的格点就是识别的回波团区域。设定阈值,将相邻回波团间的特性差异小于阈值的回波团进行合并,改变阈值,就可以实现不同尺度的回波团识别。

(2)特征向量的计算

聚类算法应用于雷达图像的分析中,聚类的目的就是将那些具有相似性的格点聚成一类,从而实现雷达图像暴雨回波的自动识别。我们的聚类对象为雷达图像上的格点数据,格点特征向量是描述格点特征的一个多维向量。对于特征向量的选择,没有统一的标准,一般以图像的统计特征、结构和谱分布为基础来形成特征向量,特征向量应尽可能多地包括具有代表性的信息。

我们采用特征向量来划分不同的类,不仅要使不同类间的距离最大,同时还要使同一类内各元素间的距离最小。根据文献,我们定义类间的距离为:

$$d = \sum_{i=1}^{k} \frac{N_i}{N} \parallel \mu_i - \mu \parallel \tag{5.13}$$

第 i 次聚类时类内的距离为:

$$d_i = \sum_{j=1}^{N_i} \parallel \mu_i - \nu_j \parallel \tag{5.14}$$

定义一个联系 d 和 d_i 的价值函数 J:

$$J = \frac{d}{\sum_{i=1}^{k} \frac{N_i}{N} d_i} \tag{5.15}$$

其中 N_i 是第 i 类格点的个数,μ_i 是那个类的平均特征向量。ν_j 是格点 j 的特征向量。N 为格点的总数目,μ 代表整个图像的平均特征向量。应该选择能使价值函数 J 最高的一组向量为特征向量。

特征向量的定义是在以格点为中心的一个窗口,而不是在一个格点上。相邻区域的大小取决于图像纹理。在一个图像中,区域大小不同就会有不同的纹理特征,本研究中我们选取的区域为 5×5 的格点。

在本研究中,我们没有比较哪组特征向量是最优的,而是对所有的聚类过程都采用了一组特征向量。格点 (x,y) 的特征向量的分量如下:

单点的反对率因子 I_{xy}

窗口的反射率因子平均值 $\overline{I_{xy}}$

$$\overline{I_{xy}} = \frac{\sum_{i \in N_{xy}} I_i}{N_{xy}} \tag{5.16}$$

窗口内反射率因子的标准差 s_{xy}

$$s_{xy} = \sqrt{\frac{\sum_{i \in N_{xy}} (I_i - \overline{I_{xy}})^2}{N_{xy}}} \tag{5.17}$$

变化率

$$c_{var_{xy}} = \frac{s_{xy}}{I_{xy}} \tag{5.18}$$

不对称度

$$s_{skew_{xy}} = \frac{\sum\limits_{i \in N_{xy}} \left(\frac{I_{xy} - I_i}{s_{xy}} \right)^3}{N_{xy}}$$

(5.19)

对比度

$$\rho_{contrast_{xy}} = \frac{\sum\limits_{i \in N_{xy}} \left(\frac{I_{xy} - I_i}{s_{xy}} \right)^2}{N_{xy}}$$

(5.20)

式中 I_i 为窗口内的第 i 个格点的反射率因子；I_{xy} 为格点 (x,y) 的反射率因子，$\overline{I_{xy}}$ 为窗口内反射率因子均值，N_{xy} 为以格点 (x,y) 为中心的窗口格点数目，本研究中我们选取的区域为 5×5 的网格，因此 $N_{xy} = 25$。

(3)K-Means 聚类

K-Means 聚类的基本思想是选择合适的 K 值（要生成类的数目），选取 K 个初始聚类中心，根据聚类中心的值，将每个对象赋予最相似的类，判断的准则是使得各对象到该对象所属类中心的距离最小；更新聚类中心，即重新计算每个类中对象的平均值，用对象均值作为新的聚类中心；重复上面的操作直到各个类不再发生变化或准则函数收敛。该算法优点是算法简单直观；具有较好的可伸缩性和很高的效率，但是必须事先给出合适的 K 值。K-Means 聚类算法的关键所在是描述数据的特征向量和判断准则。

聚类分析在市场研究领域、医学实践中已经得到广泛应用，现在将其用于雷达图像的识别，其优点是可以实现雷达回波的多尺度分类。

利用聚类方法对雷达回波进行分类时，由于空间关系的存在，不仅要求同一类中对象的相似性高，同时要求类中的对象在空间上处于相邻的位置，在格点上表现为相连的状态。传统的聚类方法仅利用对象的属性数据，并没有考虑对象的空间邻接关系。本研究在利用 K-Means 聚类方法对雷达回波进行分类时，在聚类过程中将空间邻接关系作为约束条件加以考虑。在对每个像素进行类别归属判断时，不仅要考虑像素与某类别中心的距离，而且还要考虑像素与窗口内邻接像素的类别关系。因此判断每一像素属于哪一类的判断准则应综合以上两个方面的测量因素，第一种测量是像素点的特征向量与该像素所属类的均值向量之间的欧几里德距离 $d_m(k)$，

$$d_m(k) = \| \mu_k^n - T_{xy} \|$$

(5.21)

这里 μ_k^n 是第 n 次迭代时第 k 类的均值向量，T_{xy} 为格点的特征向量。第二种测量是像素与其相邻像素之间的连续性测量 $d_c(k)$，其测量该像素点与其周围相邻像素点所属类的差异性。

$$d_c(k) = \sum_{i,j \in N_{xy}} (1 - \delta(s_{i,j}^n - k))$$

(5.22)

式中，$s_{i,j}^n$ 是第 n 次迭代时格点 (i,j) 所属类的序号，N_{xy} 是窗口的格点数，$\delta(s_{i,j}^n - k)$ 是单位脉冲函数，$\delta(s_{i,j}^n - k) = \begin{cases} 1 & s_{i,j}^n = k \\ 0 & s_{i,j}^n \neq k \end{cases}$

聚类的结果应使每个元素所属的类都综合了上述两种因素。格点 (x,y) 在 $n+1$ 次迭代时，类的序号 k 应使得价值函数 $E(k)$ 最小。$E(k)$ 定义如下：

$$E(k) = \lambda d_m(k) + (1 - \lambda) d_c(k)$$

(5.23)

这里 λ 为加权系数，本研究中为 0.7，每次迭代结束，类的属性都会被更新。

　　这样,对于最终的分类结果,既保证了同一类的对象属性值差别较小、不同类之间属性值差别较大,又保证了同一类的对象在空间上处于相邻的位置。

　　归纳起来,雷达数据的聚类包括以下步骤:

　　①选择样本的 k 个类的初始划分,计算这些类的质心。为了节约计算时间,我们的研究中 k 取为 4,将数据按照反射率因子的极差进行了简单的等分。

　　②把每个格点分配到其特征向量与类的均值向量的欧几里德距离最小的一个类。

　　③在每个格点上计算以下内容:

　　a. 将格点周围相邻格点的类的序号作为候选;

　　b. 计算连续性测量 $d_c(k)$;

　　c. 计算第 k 个类的均值向量与该格点特征向量的欧几里德距离 $d_m(k)$;

　　d. 将 $E(k)$ 最小的类分配给该格点。

　　④如果任一格点的类发生了变化,则需更新每个类的均值向量,迭代第③步直到每个格点所属的类不再发生变化。

　　经过以上 K-Means 聚类步骤,雷达 CAPPI 的每个格点均被分配到某个类中,并用类的序号进行标志。

　　(4)回波团的分层聚类

　　聚类的过程中,已经考虑了各格点的空间位置,因此可以通过区域增长的算法得到相互独立的回波团,区域增长算法的示意图如图 5.12 所示,选定区域增长的开始点,沿着增长方向(这里指 4 个相邻点的方向)去搜索与开始点具有相同类序号的点,这是一个迭代的过程,直到没有相邻的点属于这个区域。

　　通过区域增长算法得到的回波团尺度相对较小,数量较多。同时,计算每两个回波团之间的距离(包括质心距离和回波团的均值向量之间的欧几里德距离),设定一个阈值(该阈值为质心距离和欧几里德距离的加权平均),使得有一半左右的回波团处于该阈值以下,合并这些回波团,直到所有回波团两两之间的距离都大于阈值。这个过程是一个迭代的过程,每次合并后,回波团间的距离都进行了更新。

　　第二次得到的回波团尺度要大一点,每一个回波团包括了第一阶段的一个或多个回波团,从这种意义上说,这两种尺度的回波团之间具有层级关系,如果放宽阈值,则可以得到更大尺度的回波团。

　　经过层级聚类后得到较大尺度的回波团,对回波团进行标志,并计算其面积大小和反射率因子均值。

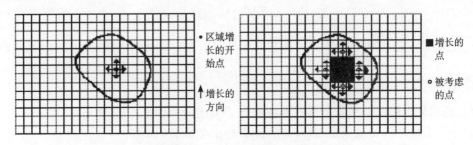

图 5.12　区域增长算法示意图

(a)区域增长的开始;(b)几次迭代后的区域增长过程

5.3.2　参数敏感性试验

变化参数值,以研究不同参数条件下聚类方法的效果和存在的问题。

(1)K 值的影响

我们采用 K-Means 聚类将雷达图像分成 K 个类,然后采用层次聚类技术进行回波团的合并。在聚类过程中,采用 $K=4$,这里讨论一下改变 K 值的影响。

K 值的大小确定了最初图像划分的等级,改变 K 值将改变最详细划分的回波团的数目。改变 K 值的影响如图 5.13 所示,随着 K 值的增加,雷达图像类所包括的格点范围减小,回波团数目增多,因此,如果我们想得到较小尺度回波团的详细信息,我们就可以选取大一点的 K 值。K 值变化对回波团最详细的划分影响较大,但由于采用了层级技术,通过迭代的过程对回波团进行合并,因此 K 值的改变不会对较大尺度的回波团数量产生直接的影响。台风的结构是强对流系统中比较复杂的,但从图 5.13 可以看出,在 $K>3$ 时,这种聚类方法对台风中 3 个主要强回波带的识别,轮廓清晰,结构合理,随着 K 值的增大,可以识别出强回波带中反射率因子更强的核心回波团。

图 5.13　不同 K 值对聚类结果的影响

(a. 2005 年 9 月 11 日 02:25 UTC 温州雷达观测图像,b. $K=3$ 的聚类结果,c. $K=4$ 的聚类结果,
d. $K=5$ 的聚类结果,e. $K=6$ 的聚类结果)

(2)加权系数 λ 的影响

在式 $E(k)=\lambda d_m(k)+(1-\lambda)d_c(k)$ 中,权重 λ 是价值函数的欧几里德距离 $d_m(k)$ 相对于连续性测量 $d_c(k)$ 的权重系数。在研究中,选取 $\lambda=0.7$,这里讨论改变 λ 的影响。

欧几里德距离描述的是格点的特征向量与所属类的均值向量之间的数据差异,连续性测量描述的是格点与其周围格点属于同一类的平滑度。

假设 $\lambda=0$,则忽略了数据的差异性,而只考虑了连续性的影响。换句话说,不管相邻格点的特征向量与类的均值之间差异多大,都把它们归到同一类中去,将得到平滑的区域边界,但失去了图像的数据特征。假设 $\lambda = 1.0$,则没有考虑连续性测量,将格点归到欧几里德距离最小的类中,得到的是一个比较杂乱的图像分割。在 $0 \sim 1$ 选取 λ 的值进行回波团的自动识别,发现 $0.9 > \lambda > 0.5$ 时,识别的回波团结果有差异,但差异不是很大,特别是对对流回波团的识别,几乎没有差别。图 5.14 为图 5.13 在 $K = 4$,改变 λ 时的聚类结果,从图 5.14 可以看出,在 0.6、0.7、0.8 之间变化,聚类结果差异很小,λ 可以随便取值。研究过程中,选取 $\lambda = 0.7$。

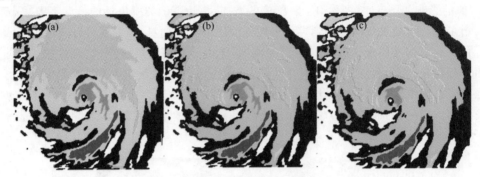

图 5.14　2005 年 9 月 11 日 02:25 UTC 温州雷达观测图像 $K = 4$ 时 λ 改变对图像识别的影响
(a. $\lambda = 0.6$, b. $\lambda = 0.7$, c. $\lambda = 0.8$)

（3）特征向量的影响

聚类算法的一个关键问题就是特征向量的选取,特征向量是和格点联系在一起的。很难一致同意哪组特征向量是最佳的,或者有标准的特征向量。前面描述的特征向量只是包括了格点数据的一些特征,在实践中可以根据实际情况减少或增加特征向量的维数,以增加聚类的准确性。在参数试验中,也增加了特征向量的维数,比如增加了格点反射率因子与相邻格点的对比度,变化率等,但对对流回波团的识别效果影响并不是很大(图略)。考虑到对回波团的识别要求和计算机时间,选取前面描述的前三个因子作为格点的特征向量。

5.3.3　回波团识别结果验证

通过对暴雨个例的研究验证,层级聚类方法能够识别上百千米的 β 中尺度回波团,并能识别其中的 γ 中尺度风暴单体。下面选取了 2005 年 3 月 22 日广州雷达的一次飑线过程和 2005 年 9 月温州雷达的卡努台风过程来具体说明层级聚类方法对回波团的识别。

研究中的雷达资料均为笛卡儿坐标下的 CAPPI 资料,高度为 2 km(以下同),以雷达为中心,面积大小为 400 km×400 km。图 5.15 为层级聚类方法对广州 2005 年 3 月 22 日的一次飑线过程的回波团识别结果,图 5.15(a)、(b)、(c)分别为不同时刻雷达观测资料和回波团的多尺度识别结果,带下标 1 的为雷达观测图像,带下标 2 的为层级聚类方法识别的回波团系统,带下标 3 的为回波团系统包含的较强的对流回波团。从图 5.15 可以看出,在雷达观测区域内,回波团被识别为两个系统(深蓝色和浅蓝色区域),深蓝色的回波团系统包含了一个带状强对流回波团,浅蓝色的回波团系统包含了若干小的强对流回波团。从不同时刻的识别结果来看,不管是对回波团系统的识别,还是对较小的强对流回波团的识别,在时间上都是比较稳定的。对照雷达观测图像可以看出,在连续的几个时次,聚类方法对不同回波团系统的划分

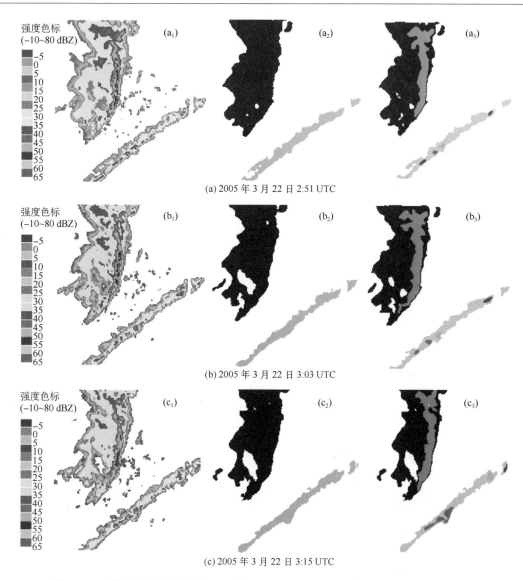

图 5.15　层级聚类方法对广州 2005 年 3 月 22 日的一次飑线过程的回波团识别结果

$(a_1—a_3)$02：51 UTC，$(b_1—b_3)$03：03 UTC，$(c_1—c_3)$03：15 UTC(下标 1：观测图像，下标 2：层级聚类方法识别的回波团系统，下标 3：回波团系统包含的较强的对流回波团)

是正确的，雷达图像上有两个回波团系统，用深蓝色和浅蓝色表示，可以看出，深蓝色回波团与浅蓝色回波团不属于同一个系统，也可以从它们面积大小及反射率因子均值的变化得到进一步的解释。图 5.16 为连续 15 个时刻(时间从 2005 年 3 月 22 日 01：56 到 03：20 UTC)两个回波团的面积和反射率因子均值的变化情况，从图中可以看出：深蓝色回波团在面积上随时间是先增后减的，也就是说，深蓝色回波团的面积在 3 月 22 日 02：39 UTC 之前是增加的，随后开始减弱，回波团的平均反射率因子也随时间递减，在 30～35 dBZ。而浅蓝色回波团的面积随时间是一直增加的，而且增长速度比较快，回波团的平均反射率因子随时间变化不大，在 25～27 dBZ。视觉的直观判断和数据分析说明层级聚类方法对回波团系统的识别是正确的、稳定的。对回波团系统的识别是层级聚类方法不同于其他方法之处。层级聚类方法的另一优点是可以对回波团进行不同尺度的识别,在识别不同回波团系统的同时,可以对回波团系统中的强对流单体进行识别,从图 5.15 中带下标 3 的图像可以看出,在研究的时间段内,深蓝色回波团包含了一个强对流雨带,从连续的几个时刻来看,对强对流雨带的识别也是稳定的。浅蓝色回波团中包含了几个强对流单体,从连续的几个时刻可以看出,强对流单体在发展的同时,产生了合并,并在东北方向新生了一个单体,对照雷达观测图,我们也可以看到同样的变化,这说明聚类方法对强对流单体的识别也是正确的、稳定的。

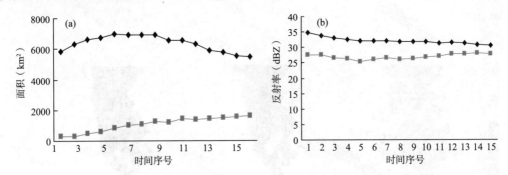

图 5.16　回波团的面积变化(a)和反射率因子变化(b)

(带菱形块线表示深蓝色回波团,带正方形方块线表示浅蓝色回波团)

以上分析说明了聚类方法可以实现回波团的多尺度识别,这样,在对回波团预报的时候,就可以根据不同的预报时效,选择不同的回波团识别尺度,这点是不同于其他回波团识别方法的。

此外,对 2005 年 5 月 30 日西安雷达观测到的飑线过程和 2005 年 5 月 16 日宜昌雷达观测到的暴雨过程进行了多尺度的识别,识别结果如图 5.17 和 5.18 所示,可以看出,聚类方法对回波团的识别结果与人的视觉效果比较一致,识别的多尺度特点为研究暴雨系统的多尺度特征鉴定了基础。

5.3.4　回波团的跟踪

一旦雷达图像上的回波团被识别出来,通过最大相关系数法跟踪回波团,求出每个回波团的移动方向和速度。这与传统的 TREC 方法有所不同,传统的 TREC 方法将雷达图像分成若干个矩形区域,对每个矩形区域求最大相关系数,来实现回波的跟踪,但这种矩形区域的划分是随意的,物理意义不够明确。用到的 TREC 方法,以回波团为区域划分,对每个回波团求最大相关系数,来实现回波团的跟踪,意义比较明确。

强度色标
(−10~80 dBZ)

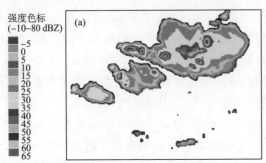

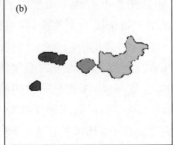

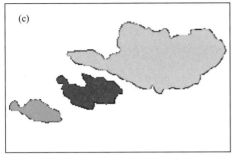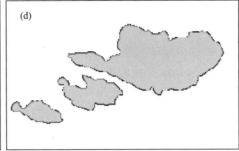

图 5.17　2005 年 5 月 30 日西安飑线过程的多尺度识别结果

(a.09:16 雷达观测图像,b、c、d 为不同尺度的识别结果)

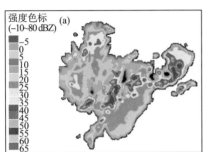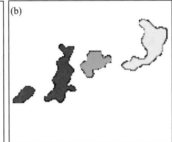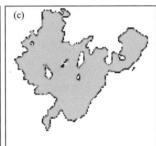

图 5.18　2005 年 5 月 16 日年宜昌雷达暴雨过程多尺度识别结果

(a.21:13 雷达观测图像,b、c 不同尺度的识别)

通过连续两个时次的雷达 CAPPI 资料计算回波团的移动。具体做法是:将第一时刻识别出的每一块回波团作为一个区域,在搜索半径内向任一方向移过一定的距离,步长为 CAPPI 的分辨率,本研究中 x、y 方向的步长均为 1 km,然后计算此回波团区域与第二时刻相同大小的区域之间的交叉相关系数 R,对于不同的移动位置,会得到不同的相关系数值,直到找到极大值 R_{max} 为止,具有最大相关系数的移动就是回波团的 TREC 矢量,用作回波团的外推预报,计算公式如下:

$$R = \frac{\sum Z_1(i)Z_2(i) - n^{-1}\sum Z_1(i)\sum Z_2(i)}{\left[\left(\sum Z_1^2(i) - n\overline{Z}_1^2\right)\left(\sum Z_2^2(i) - n\overline{Z}_2^2\right)\right]^{1/2}} \quad (5.24)$$

式中 Z_1,Z_2 分别为 T 时刻和 $T+\Delta t$ 时刻回波团的反射率因子,n 为回波团的格点数。通过上式就可以求出间隔 Δt 时间的两个回波团的相关系数,重复这个过程,直到找到最大的相关系数,此时,从 T 时刻回波团的中心位置指向 $T+\Delta t$ 时刻回波团中心位置的矢量即为 TREC 矢量。据此外推 $T+M*\Delta t$ 时刻回波团的位置。

搜索半径根据最大期望速度计算:

$$R_{半径} = v \times \Delta t \quad (5.25)$$

式中 v 是风暴移动的最大期望速度(这里采用 120 km/h),Δt 为时间间隔。

5.3.5　强度预报方法

回波团的预报是以运动估算、面积的增长和减弱信息以及当前数据为基础,进行外推。对于每一个回波团来说,通过计算回波团面积的变化可以得到回波团增长消亡的信息,以此预报回波团的趋势变化。

面积的变化率是根据风暴的历史时刻的面积进行加权线性拟合得到的。对预报的椭圆面积来说,假定 $r_长/r_短$ 的纵横比和取向角 θ 为常数,根据面积变化率即可预报。

通过本章前面所描述的回波团跟踪方法得到 TREC 矢量,预报回波团未来时刻的位置。根据预报时效的不同,可以进行不同尺度的回波团识别。小于 30 min 的预报,选择小尺度的回波团识别,对于大于 30 min 的预报,选择较大尺度的回波团识别。

5.3.6　预报结果及评价

(1)趋势预报及分析

图 5.19 给出了 2005 年 3 月 22 日广州飑线过程 02:28 UTC 的 CAPPI(2 km)图像、β 中尺度回波团的识别结果及与前一相邻时刻(02:22 UTC)的跟踪预报结果。粉色暴雨回波的反射率因子均值在相邻两时刻基本没有变化,因此,预报其趋势为维持,面积保持不变,红色暴雨回波的反射率因子均值在相邻两个时刻表现出增长的趋势,因此,预报其趋势为增长,将反射率因子均值增长的程度转换为面积的增长。12、30、60、90 和 120 min 预报的暴雨回波位置如图 5.19(c)所示(绿色椭圆),蓝色椭圆表示当前回波的位置,黑色箭头方向表示暴雨回波的移动方向,长短表示移动速度的大小。两个回波团的移动方向基本一致,向东北方向移动,但变化趋势不同,一个在维持,一个在增强。图 5.19(d)、(e)、(f)分别为 12、30 和 60 min 的回波团预报位置及同时刻雷达实测 CAPPI(2 km),可以看出,12、30 min 预报的回波团与雷达实测图像在面积、质心位置上基本一致,60 min 预报的飑线回波团与同时刻雷达实测图像虽然在面积上相差不多,但在质心上有一定偏差。

为了评价预报回波与雷达观测之间回波位置的差异,分别计算了预报回波的质心和雷达

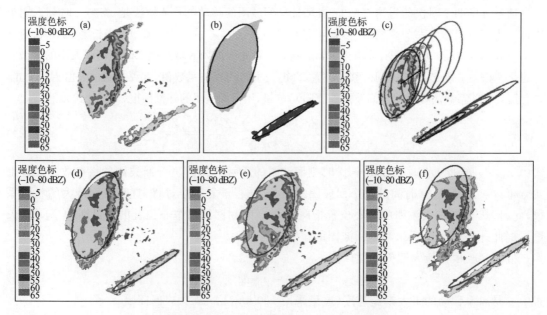

图 5.19　2 km 高度回波团的移动及发展趋势预报

(a. 3 月 22 日广州飑线过程 2:28 UTC 的 CAPPI 图像,b. β 中尺度回波团的识别结果及拟合的椭圆,c. 回波团的移动及趋势预报,d. 12 min 回波团预报位置(绿色椭圆)及同时刻雷达实测 CAPPI,e. 30 min 回波团预报位置(绿色椭圆)及同时刻雷达实测 CAPPI,f. 60 min 回波团预报位置(绿色椭圆)及同时刻雷达实测 CAPPI)

观测暴雨回波的质心,预报回波的质心位置与雷达观测回波的质心位置差随预报时效的增加而增加,如表 5.5 所示,60 min 预报回波团的质心位置误差几乎为 12 min 预报的 2 倍。计算的移动速度本身就存在误差,CAPPI 的格点间距为 1 km,因此根据相邻时刻(间隔 6 min)雷达图像计算回波团的移动速度时,回波团移动距离的计算误差绝对值不大于($t/(6 \times 0.5)$)km,t 为预报时效,预报 1 h 的移动位置,其位置误差绝对值的范围为 0—5 km,这是回波团质心位置误差随着预报时效增加的一个原因。同时,由于回波团的移动速度并非恒定,随着预报时效的增加,速度误差的累积必然增大。

表 5.5　预报暴雨回波质心与雷达观测回波之间的位置差

预报时间(min)	飑线质心与预报的距离差(km)	线状回波质心与预报的距离差(km)
12	7	3.6
30	8.5	5
60	12	8

(2)反射率因子预报及评价

图 5.20 为 2005 年 3 月 22 日 02:28 UTC 的雷达观测 CAPPI(2 km 高度)图像、回波团不同尺度识别及与前一相邻时刻(02:22 UTC)的跟踪预报结果。小尺度回波团的识别、跟踪,用作 12 min 的预报;回波团系统的识别、跟踪,用作 30、60 min 的预报。粉色暴雨回波团的反射率因子均值在相邻两时刻基本没有变化,因此,预报其反射率因子在 0～30 min 的预报时效内保持不变,在 30～60 min 的预报时效内反射率因子预报为递减;红色暴雨回波团的反射率因子均值在相邻两个时刻表现出增长的趋势,因此预报其反射率因子在 0～30 min 的预报时效内增长,然后在 30～60 min 的预报时效内维持。从图 5.20 可以看出,由于反射率因子变化的快速性和不均匀性,对于反射率因子点对点的预报,还是很难做到准确的预报。下面对反射率因子点对点的预报进行了定量分析。

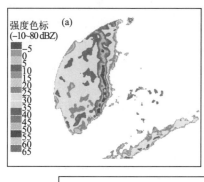
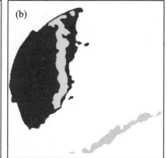

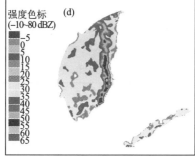
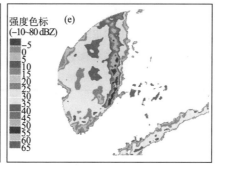

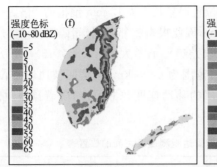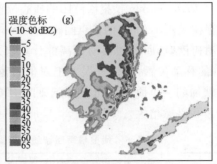

图 5.20　雷达反射率因子图像聚类及预报结果

（a. 2005 年 3 月 22 日 02:28 UTC 广州雷达观测图像，b. 小尺度回波团识别，c.、较大尺度识别预报，d. 预报 12 min 图像，e. 与预报 12 min 图像相对应的雷达观测，f. 预报 30 min 图像，g. 与预报 30 min 图像相对应的雷达观测）

①C_{SI}评价

将 12、30、60 min 的预报与同时刻雷达观测的 CAPPI（2 km 高度）进行了点对点的评价，评价的阈值为 20 dBZ，由于格点间距为 1 km，因此每个格点代表的区域为 1 km²，成功格点数、漏报格点数及空报格点数的情况如图 5.21 所示，其中绿色区域表示预报成功的格点，蓝色区域表示漏报的格点，红色区域表示空报的格点数，可以看出：随着预报时间的增加，成功的格点数在减少，而漏报和空报的格点数在增加；12、30 min 预报成功的格点数占有很大的比例，且预报图像与雷达观测图像形状相似，60 min 预报成功的格点数有一定减少，主要因素在于回波形状的改变及预报位置有一定偏差。

计算 2005 年 3 月 22 日 02:27—03:26 UTC 一个小时的 P_{OD}、F_{AR}、C_{SI}，分别采用层级聚类技术和 TREC 技术的计算结果如表 5.6 所示，从表中可以看出，预报结果的准确性与预报时效有关，随着预报时效的增加，C_{SI}逐渐减小，这与图 5.21 的结论相一致。同时，评价结果与评价阈值密切相关，C_{SI}和预报成功的格点数随评价阈值的增加而减少，F_{AR}和空报的格点数随着阈值的增加而增加。通过与 TREC 方法的预报结果比较，这种方法的 C_{SI}指数比 TREC 方法的 C_{SI}指数高一些。图 5.22 给出了 2005 年 3 月 22 日 02:27—03:26 UTC 聚类技术预报结果的 C_{SI}随时间的变化，可以看出不同时效的 C_{SI}随时间变化不是很大，从而说明聚类技术的预报是比较稳定的。

表 5.6　聚类预报结果与 TREC 技术预报结果的比较

预报时效(min)	P_{OD}(聚类/TREC)	F_{AR}(聚类/TREC)	C_{SI}(聚类/TREC)
12	0.95/0.79	0.11/0.16	0.85/0.68
30	0.88/0.58	0.28/0.35	0.63/0.44
60	0.73/0.40	0.33/0.55	0.53/0.31

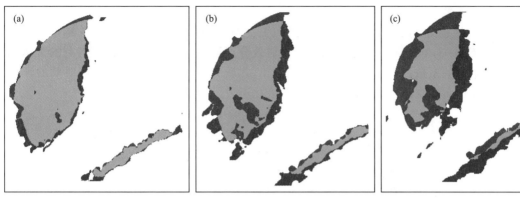

图 5.21　预报成功(绿色)、漏报(蓝色)及空报(红色)的格点数

(a)、(b)、(c)分别为 12、30、60 min 预报结果评价

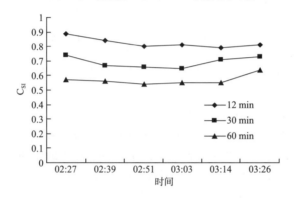

图 5.22　不同预报时效的 C_{SI} 的时间演变

②散点图

设定 20 dBZ 为阈值,以预报值为纵坐标,对应的雷达实测为横坐标,绘制散点图,如图 5.23 所示,从中可以看出,图 5.23(a)、(b)的点主要分布在对角线的两侧,说明 12、30 min 的预报值和对应时刻的观测值之间比较接近,两者的误差不大,而图 5.23(c)的点比较明显地偏向于对角线之上,说明 60 min 的预报值要大于同时刻的雷达观测值,这与预报回波的位置误差增大及反射率因子的变化有关。

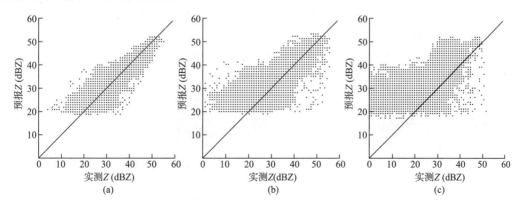

图 5.23　不同时效预报结果与雷达观测之间的散点图

(a. 12 min;b. 30 min;c. 60 min)

③相关系数

为了定量描述预报回波与雷达观测回波之间的相关性,计算了 2005 年 3 月 22 日 02:27 UTC到 03:26 UTC 的预报回波(预报时效分别为:12、30、60 min)与同时刻的雷达观测回波之间的相关系数,如图 5.24 所示,可以看出,在研究的时间段内,不同预报时效的预报回波与同时刻的雷达观测回波之间的相关系数变化不大,比较稳定。

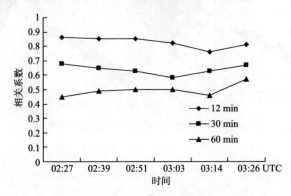

图 5.24　预报回波与观测回波的相关系数随预报时间的变化

(3)1 h 累积雨量的预报

聚类外推的 1 h 累计雨量值与 TREC 外推的 1 h 累计雨量值及雷达反演值的对比如图 5.25 所示,可以看出,两种外推技术的预报在强降水的位置上比较一致,但预报的强度都要大于雷达反演的 1 h 累计雨量。为了尽量减少外推预报雨量评价过程中的中间环节,我们以雷达反演的雨量为标准,将外推雨量与其吻合程度作为评估外推强降水区效果好坏的一个标准。为了比较外推雨量分布与雷达反演雨量分布的吻合程度,根据公式(5.1)分别计算 TREC 外推雨量分布和聚类外推雨量分布与雷达反演雨量分布之间的交叉相关系数,计算的范围如图 5.25 显示的区域,雨量分布按不同阈值进行比较,共选择五种阈值。表 5.7 给出了外推雨量场和雷达反演雨量场中各阈值以上的格点数,以及各阈值以上外推雨量场与雷达反演雨量场的相关系数。表中 N_c、N_t、N_r 分别为图 5.25(a)、(b)、(c)中大于某一雨量阈值的格点数,ρ_{rc} 表示某一阈值以上聚类外推雨量场(图 5.25(c))与雷达反演雨量场(图 5.25(b))的交叉相关系数,ρ_{rt} 表示某一阈值以上 TREC 外推雨量场(图 5.25(d))与雷达反演雨量场(图 5.25(b))的交叉相关系数。从表 5.7 可以看出,随着阈值的增大,外推雨量场与雷达反演雨量场的相关系数逐渐减小,表明外推雨量场中的强降水落区与雷达反演雨量场中的落区偏差较大,但用聚类外推的降水落区在所有阈值下都比 TREC 外推的落区更接近雷达反演雨量场中的降水落区。

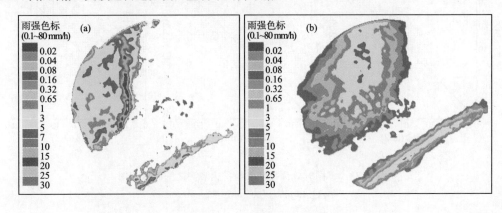

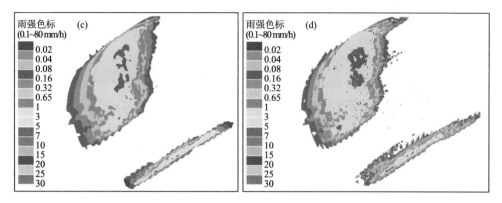

图 5.25　预报的 1 h 累积雨量与雷达反演的对比

(a. 2005 年 3 月 22 日 02：28 UTC 雷达观测，b. 雷达反演，c. 聚类方法预报，d. TREC 方法预报)

表 5.7　外推预报雨量场与雷达反演的 1 h 累积雨量场比较

雨量阈值(mm)	$N_{r(聚类)}$	$N_{c(雷达)}$	$N_{t(TREC)}$	ρ_{rc}(聚-雷)	ρ_{rt}(T-雷)
2	5135	6581	7212	0.84	0.75
4	1742	2125	3122	0.78	0.72
6	257	323	481	0.69	0.61
8	110	182	243	0.64	0.56
10	5	13	18	0.61	0.53

第6章　强热带风暴"碧利斯"引发的特大暴雨中尺度结构多普勒雷达资料分析

多普勒天气雷达探测资料具有很高的时空分辨率,这为研究灾害性天气 β 和 γ 中尺度系统结构和形成机理提供了非常有利的条件。通过使用高时空分辨率的雷达资料,可以进一步加深对台风结构和演变特征的了解,特别是提高了对台风及其引发的暴雨的中小尺度结构的认识水平。

由于多普勒雷达探测到的径向速度只是大气三维风场的一个分量,使用它定量研究大气的三维结构尚有一定的困难和不确定性,多普勒雷达风场反演技术可以在一定程度上解决上述问题。双多普勒雷达风场反演技术利用两部相距一定距离的多普勒雷达同步观测资料进行三维风场反演,反演精度高,已经成为研究台风、暴雨、冰雹、飑线中尺度三维结构的重要手段。这项技术形成于 20 世纪 60 年代末(Armijo 1969),美国从 20 世纪 70 年代开始使用双多普勒雷达三维风场反演技术对强对流系统的三维结构进行研究。

我国科学家也对双多普勒雷达风场反演技术进行了研究(Zhou,2009;周海光等,2002a,2002b;刘舜等,2003;何宇翔等,2005),并使用该技术研究暴雨的中尺度结构(周海光等,2002a,2002b, 2003,2004, 2005a,2005b,2007,2008,Zhou,2009;刘黎平,2003;Shao et al. 2004;古金霞等,2005;孙建华等,2006)。本章将该技术用于强热带风暴引发的特大暴雨三维动力结构的研究,分析强热带风暴"碧利斯"(Bilis)(以下简称"碧利斯")登陆之后引发的闽南特大暴雨的中尺度对流系统的三维结构,进一步认识此次台风暴雨的形成机理、高时空分辨率三维动力结构及其演变特征,这对提高台风暴雨的临近预报水平将有一定帮助。

6.1　强热带风暴"碧利斯"(0604)概述

热带风暴"碧利斯"于 2006 年 7 月 9 日 14:00 BT 在菲律宾东南洋面上生成,并向西北方向移动,图 6.1 给出了"碧利斯"的移动路径。11 日 14 时"碧利斯"加强为强热带风暴,13 日 23:00 BT 在我国台湾省宜兰登陆,14 日 03:00 BT 前后进入台湾海峡,14 日 12:50 BT 在福建省霞浦县北壁镇再次登陆,登陆时中心气压 975 hPa,中心最大风力 11 级,风速 30 m/s。登陆后风暴中心向偏西方向移动,穿过闽北,15 日 01:00 BT 进入江西境内,15 日 15:00 BT 减弱成热带低压,并在内陆缓慢西行。

7 月 14—18 日,福建、浙江、江西、湖南、广东和广西 6 省(区)普遍出现大暴雨和特大暴雨,部分地区累计降雨量 300~500 mm。"碧利斯"深入内陆生命史长,影响范围广,降雨强度大,造成了严重的洪涝灾害与人员财产损失。

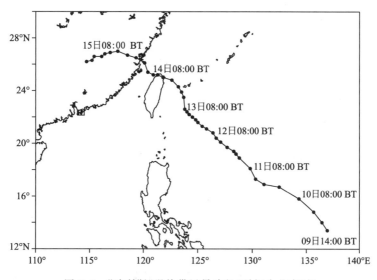

图 6.1　"碧利斯"强热带风暴路径（时间为北京时）

　　为了更好地理解"碧利斯"强热带风暴内部中尺度系统的演变和活动，下面使用 NCEP 再分析资料分析 7 月 14 日 20:00—16 日 08:00 BT 850 和 700 hPa 的风场，以便能够从整体和大气环流背景层面认识其演变特征。图 6.2 分别给出了各个时刻 850 hPa 风场，其最显著特征是在热带风暴的南侧有西南低空急流，低空急流对水汽输送具有重要作用，它同时也是动量、热量的高度集中带。14 日 20:00 BT（图 6.2(a)），西南急流主要位于东南沿海的洋面上；热带风暴逐渐西移深入内陆，低空急流也逐渐向西扩展（图 6.2(b)），它与风暴前部偏北急流形成了大范围辐合场，这种环流结构对大范围暴雨的发生、发展极为有利。15 日 15:00 BT，"碧利斯"虽然已经减弱为热带低压，但 15 日 20:00 BT（图 6.2(c)）、16 日 08:00 BT（图 6.2(d)）南海季风中的西南急流仍然很强，它将来自洋面的暖湿空气输送至暴雨区，造成持续性暴雨。相应时刻 700 hPa 风场的环流结构及西南急流的演变特征与 850 hPa 高度的很类似。

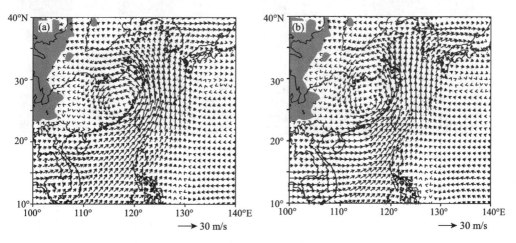

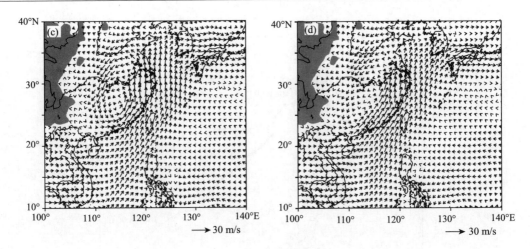

图 6.2　2006 年 7 月 14—16 日 850 hPa 风场

(a. 14 日 20:00 BT;b. 15 日 08:00 BT;c. 15 日 20:00 BT;d. 16 日 08:00 BT;浅色阴影为地形高度大于 1500 m)

　　从卫星云图来看,"碧利斯"在海上移动时,仅在南部有明显的云系发展,云形结构不完整、不对称。"碧利斯"登陆后这种特征更加显著,其南部的云系不消反增。15 日 20:00 BT,福建东南沿海、粤东地区已经有对流云系发展(图 6.3(a)),此后由于西南低空急流的作用,对流云系进一步发展,16 日 00:00 BT(图 6.3(b))上述地区对流云团仍然比较活跃,04:00 BT 闽东南的强对流云团开始消散。

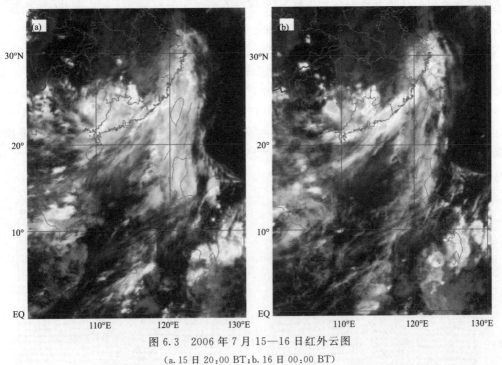

图 6.3　2006 年 7 月 15—16 日红外云图

(a. 15 日 20:00 BT;b. 16 日 00:00 BT)

　　综上所述,"碧利斯"登陆后与南海季风相互作用,激发的中尺度强降水系统不断发生。"碧利斯"为降水提供了极其有利的动力抬升条件,南海季风承担了输送水汽的重要角色。"碧利斯"登陆之后引发的大范围暴雨过程受到诸多因素的影响,它是在大、中尺度天气系统和中低纬环流系统相互作用下造成的。

6.2 "碧利斯"登陆福建引发的强降雨过程分析

受强热带风暴"碧利斯"登陆及其与南海季风相互作用的影响,福建省大部分地区出现暴雨,强降水主要在沿海地区。特别是由于西南风将暖湿气流持续地向闽南输送,造成闽南大暴雨和特大暴雨。2006 年 7 月 13 日 08:00 BT—18 日 08:00 BT,福建省沿海地区以及龙岩南部地区共有 43 个县(市)降水量超过 60 mm,其中沿海有 29 个县(市)降水量超过 200 mm,长泰县降水为 597.7 mm。

图 6.4 是 2006 年 7 月 15 日 08:00 BT—16 日 08:00 BT 的 24 h 降水量,大于 100 mm 的主雨带呈西南—东北走向,在主雨带上有 3 个超过 200 mm 的特大暴雨区,其中两个特大暴雨区位于福建省,长泰降水量 358 mm,漳州降水量 261 mm,两站处在同一个特大暴雨区内。长泰和漳州的特大暴雨主要集中在 15 日夜间至 16 日凌晨,此时,"碧丽斯"已经减弱为热带低压。长泰 15 日 20:00 BT—16 日 08:00 BT 降水量为 332.3 mm,其 12 h 降水量占总过程雨量的 55.5%;漳州 15 日 20:00 BT—16 日 03:00 BT 降水量为 215 mm。

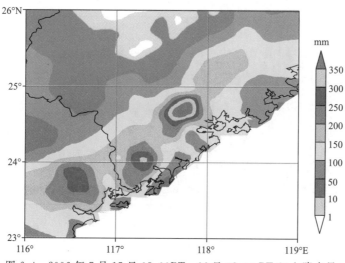

图 6.4　2006 年 7 月 15 日 08:00BT—16 日 08:00 BT 24 h 降水量

图 6.5 分别给出长泰、平和 7 月 15 日 20:00 BT—16 日 08:00 BT 的逐时雨量演变图。长泰(图 6.5(a))降水强度很大,强降水主要发生在 15 日 21:00 BT—16 日 03:00 BT,此时间段内逐时雨量均超过了 30 mm,最强降雨发生在 7 月 16 日 22:00 BT,为 62 mm/h。平和(图 6.5(b))降水则比较均匀。由分析可知,强降水主要发生在午夜,以对流性降水为主,强降水的局地性较强。

图 6.6 是长泰、平和测站上空回波强度时间演变。7 月 15 日 20:00 BT—16 日 05:00 BT,长泰(图 6.6(a))上空对流活动旺盛,在降水回波区中嵌有许多强对流单体。强降水阶段较强回波(>30 dBZ)一般在 7 km 高度左右,在对流发展强烈时强回波高度可达到 10 km。对比长泰站逐时雨量图,强降水阶段对流发展特别活跃,23:00—00:00 BT 和 01:00—02:00 BT 两个最强降水阶段,强对流系统一度伸展到 9.5 km 以上,中低层回波很强,超过 45 dBZ,这说明大气中水汽非常丰富,这对特大暴雨的触发、维持极为有利;强回波区愈接近地面,降水强度也愈大。平和(图 6.6(b))上空回波演变特征与长泰、漳州两站回波演变特征差异较大,强回波(>30 dBZ)基本维持在 6.5 km 高度以下,中低层回波较弱,对流活动也不及长泰旺盛。

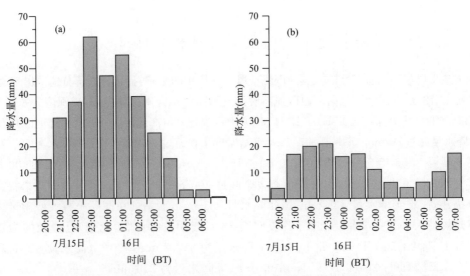

图 6.5　2006 年 7 月 15 日 20：00 BT—16 日 08：00 BT 逐时降水量（a. 长泰；b. 平和）

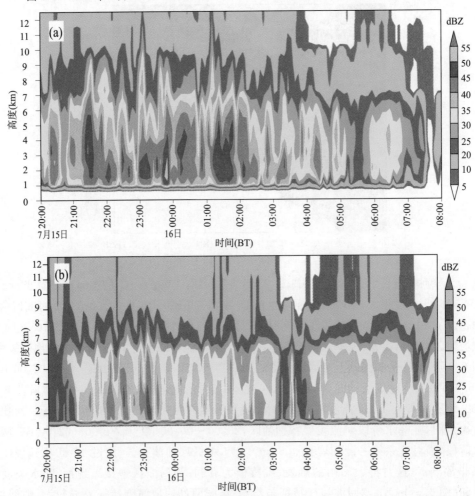

图 6.6　厦门雷达观测的 2006 年 7 月 15 日 20：00BT—16 日 08：00BT 回波强度演变

（a. 长泰；b. 平和）

6.3　双多普勒雷达反演的三维中尺度风场结构及演变分析

厦门和龙岩均布设有 CINRAD/SA 多普勒天气雷达,在此次暴雨过程中使用 VCP 21 立体扫描工作模式,每个体扫包括 9 个仰角层,雷达完成一个体扫需要 6 min 左右。图 6.7 是厦门、龙岩双多普勒雷达同步体扫探测覆盖区示意图,圆 A 和 B 分别表示两部雷达各自的探测区,双雷达基线长 69 km,三维风场反演区左下角(117°E,24°N)为原点,向东为 x 轴正方向,向北为 y 轴正方向,垂直向上为 z 轴,长泰、漳州、平和站的坐标分别为(75.9 km,68.1 km)、(65.9 km,55.8 km)、(31.4 km,40.1 km)。水平和垂直格距分别取 1 km 和 0.5 km,垂直方向12.5 km,三维椭球 Cressman 插值函数的水平和垂直半径分别取 2.5 km 和 1.2 km。首先使用软件系统(周海光等,2002b)对时间同步体扫资料进行质量控制,然后进行三维风场反演。

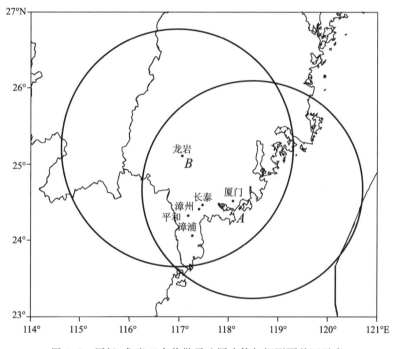

图 6.7　厦门、龙岩双多普勒雷达同步体扫探测覆盖区示意

使用 MUSCAT 技术进行双多普勒雷达三维风场反演,该技术是在研究机载多普勒雷达风场反演中提出的(Bousquet *et al.* 1998),数值试验表明,该反演技术精度高、可靠性好;作者已经将其进行改进和扩展,用于地基双多普勒雷达风场反演(周海光等,2002a,2002b,2003,2004,2005a,2005b,2007;Zhou,2009)。周海光等(2002b)使用模拟的双雷达体积扫描资料对MUSCAT 三维风场反演技术的精度和误差进行了详细的分析,计算了平均离差、相对离差、均方差等统计量,结果表明该反演方案具有较高的反演精度、误差较小,能够比较真实地反映风场的三维结构,可以用于真实风场的反演。使用该反演方案,曾对江淮梅雨锋暴雨的三维风场结构进行了反演研究,效果较好,能够比较细致地刻画暴雨的精细三维结构(周海光等,2002a,2002b,2003,2005a,2005b;Zhou,2009;孙建华等,2006)。

下面简要介绍一下 MUSCAT(Multiple Doppler Synthesis and Continuity Adjustment

Technique，多部多普勒雷达合成和连续调整技术）三维风场反演方案。

MUSCAT 技术采用变分方法，定义如下泛函：

$$F = \int_S [A(u,v,w) + B(u,v,w) + C(u,v,w)] \mathrm{d}x \mathrm{d}y \tag{6.1}$$

通过一阶导数为零，可以得到速度场(u,v,w)，即令：

$$\frac{\partial F}{\partial u} = 0, \quad \frac{\partial F}{\partial v} = 0, \quad \frac{\partial F}{\partial w} = 0 \tag{6.2}$$

变分法求解过程中，采用弹性边界条件。(6.1)式中，A 为数据调整项，B 为质量连续方程的最小二乘法表达式，C 为二次微分约束，用于滤去水平风场的小尺度变化。

$$A_{ij} = \frac{1}{N} \sum_{p=1}^{n_p} \sum_{q=1}^{n_q(p)} \omega_q [\alpha_q u + \beta_q v + \gamma_q (w + W_t) - V_q]^2 \tag{6.3}$$

$$\alpha_q = \sin A_{Z_q} \cos E_{L_q} \tag{6.4}$$

$$\beta_q = \cos A_{Z_q} \cos E_{L_q} \tag{6.5}$$

$$\gamma_q = \sin E_{L_q} \tag{6.6}$$

式中，u,v,w 是网格点上的速度矢量，W_t 是网格点上的粒子下落末速度，ω_q 是三维 Cressman 距离权重椭球插值函数，ω_q 的求解算法在下文给出，V_q 是雷达探测到的径向速度，q 是落入 Cressman 椭球的第 q 个雷达的观测点数目，P 是用于反演的雷达数目（$p \geqslant 2$），Z 是反射率因子，A_Z 表示探测点相对于雷达的仰角，E_L 表示探测点相对于雷达的方位角（规定正北沿顺时针方向为正）。

$$B = \mu_1 \left[\frac{1}{\rho} \left(\frac{\partial \rho u}{\partial x} + \frac{\partial \rho v}{\partial y} + \frac{\partial \rho w}{\partial z} \right) \right]^2 \tag{6.7}$$

$$C = \mu_2 [J(u) + J'(u) + J(v) + J'(v) + J(w) + J'(w)] \tag{6.8}$$

$$J = \mu_1 \left[\left(\frac{\partial^2}{\partial x^2} \right)^2 + 2 \left(\frac{\partial^2}{\partial x \partial y} \right)^2 + \left(\frac{\partial^2}{\partial y^2} \right)^2 \right] \tag{6.9}$$

$$J'(u) = \mu_1 \left[\left(\frac{\partial^3 u}{\partial x^3} \right)^2 + 2 \left(\frac{\partial^3 u}{\partial x^2 \partial y} \right)^2 + \left(\frac{\partial^3 u}{\partial x \partial y^2} \right)^2 \right] \tag{6.10}$$

$$J'(v) = \mu_1 \left[\left(\frac{\partial^3 v}{\partial y^3} \right)^2 + 2 \left(\frac{\partial^3 v}{\partial x \partial y^2} \right)^2 + \left(\frac{\partial^3 v}{\partial x^2 \partial y} \right)^2 \right] \tag{6.11}$$

$$J'(w) = \mu_1 \left[\left(\frac{\partial^3 w}{\partial x^2 \partial z} \right)^2 + \left(\frac{\partial^3 w}{\partial y^2 \partial z} \right)^2 + 2 \left(\frac{\partial^3 w}{\partial x \partial y \partial z} \right)^2 \right] \tag{6.12}$$

上面各式中的参数 μ_1 和 μ_2 为权重系数。

由前面的分析可知，7 月 15 日 20:00—16 日 08:00 强降水最为集中，且大部分强降水区同双多普勒雷达同步观测区基本重合，使用该时间段的双多普勒雷达时间同步资料进行风场反演，以期从三维风场角度研究"碧利斯"登陆之后与南海季风相互作用造成的福建省特大暴雨的形成机理以及 β 中尺度和 γ 中尺度三维结构。

反演区四周的探空站有汕头、厦门、福州、邵武，4 个站相对反演区原点的坐标分别为$(-32.7, -66.8)$、$(109.5, 53.9)$、$(228.1, 233.5)$、$(46.5, 370.9)$。表 6.1 是上述四个探空站 2006 年 7 月 15 日 20:00 850 和 700 hPa 的风速和风向，由表 6.1 可知，反演区主要盛行西南风。表 6.2 是 2006 年 7 月 16 日 08:00 850 和 700 hPa 的风速和风向，该区域仍然盛行西南风，风速总的趋势是增大。虽然上述探空站距离反演区较远，但这些资料对定性验证反演风场的可能性仍有一定帮助，特别是可以根据流场特征检验风向的合理性。

表 6.1　2006 年 7 月 15 日 20：00 BT 探空站 850 和 700 hPa 位势高度的风速和风向

站名	850 hPa		700 hPa	
	风速（m/s）	风向（°）	风速（m/s）	风向（°）
汕头	21	210	21	230
厦门	18	225	16	200
福州	15	200	20	205
邵武	16	180	22	195

表 6.2　2006 年 7 月 16 日 08：00 BT 探空站 850 hPa 和 700 hPa 位势高度的风速和风向

站名	850 hPa		700 hPa	
	风速（m/s）	风向（°）	风速（m/s）	风向（°）
汕头	22	225	21	220
厦门	25	210	22	210
福州	16	195	21	205
邵武	13	190	24	195

　　图 6.8 是 7 月 15 日 20：01 反演的风场（在图中叠加了回波强度，单位是 dBZ，图中色标表示回波强度等级，以下各图同），此时长泰、漳州等地已经出现降水。在 2 km 高度（图 6.8(a)），长泰和漳州地区受西南—东北走向的 β 中尺度对流回波带控制，宽度在 30 km 以上，其上有多个强对流中心（>45 dBZ）。强回波带上有西南—东北走向的辐合线（线段 AB），辐合线位于强回波带上偏东一线，强回波带走向与辐合线走向一致；强对流中心基本分布在辐合线附近。辐合线中段风向辐合最强，主要是西南气流和南风的辐合。低层风场的辐合会引发对流，造成水汽的向上输送，这也是暴雨出现的征兆之一。2.5 km 高度（图 6.8(b)）β 中尺度对流回波带和其上辐合线（线段 AB）的特征同 2 km 高度的基本一致。辐合线一直向上伸展至 4.5 km 高度，辐合线的位置变化不大，但在高层辐合线逐渐减弱。5 km 以上高度反演区盛行西南风。反演区中低层盛行西南风，这与表 6.1 的结果一致。将 3 km 高度反演区的风速求平均，其值为 19.2 m/s，这与汕头 700 hPa 上的风速比较接近；其他高度层风速平均值与相应高度的探空资料的风速值也比较一致。

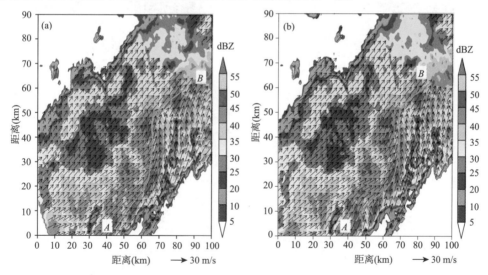

图 6.8　2006 年 7 月 15 日 20：01 雷达回波强度、反演风场（a. 2 km 高的水平速度；b. 2.5 km 高的水平速度；彩色阴影代表回波强度，粗实线 AB 代表辐合线）

　　通过将反演风场投影到雷达径向上，发现投影结果与雷达探测到的径向速度数值很接近，这也表明反演的风场与实际风场比较一致。综合 MUSCAT 反演方案数值试验的结果、反演区附近探空资料以及雷达观测的径向速度场可知，反演得到的风场与实际风场相符。

　　丰富的水汽被西南气流源源不断地输送到暴雨区，β 中尺度对流回波带继续发展，为大暴雨的触发创造了有利条件。由于有丰富的水汽供应，β 中尺度回波带西南不断有新的 γ 中尺度对流单体生成并在沿着西南—东北走向的辐合线上移动过程中发生合并。图 6.9 是 7 月

15 日 21:32 BT 的风场。2 km 高度(图 6.9(a)),辐合线(线段 AB)北段辐合进一步加强,沿着辐合线排列有多个 γ 中尺度对流单体(Z≥45 dBZ),辐合线中南部已经有 β 中尺度对流线生成。2.5 km 高度(图 6.9(b)),辐合线(线段 AB)形态与 2 km 高度的基本一致,高层以西南气流为主。

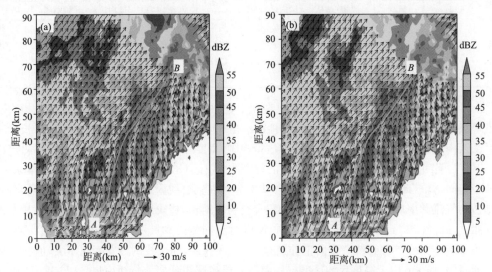

图 6.9　2006 年 7 月 15 日 21:32 雷达回波强度(彩色阴影)和反演风场(a.2 km 的水平速度;b.2.5 km 的水平速度;粗实线是辐合线)

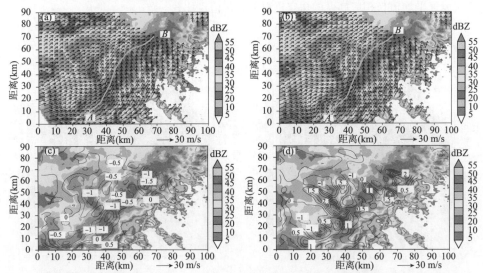

图 6.10　2006 年 7 月 15 日 23:05 雷达回波强度(彩色阴影)、反演风场、散度场和涡度场(a.2 km 高度的水平速度;b.2.5 km 高的水平速度;c.2.5 km 高的散度场(单位:$10^{-3}/s$);d.2.5 km 高的涡度场(单位:$10^{-3}/s$);(a)、(b)中粗实线 AB 代表辐合线;(c)中虚线代表辐合,实线代表辐散;(d)中实线代表正涡度,虚线代表负涡度)

　　由于水汽的持续输送和中低层风场的辐合抬升,反演区西南不断有新的 γ 中尺度强对流单体生成,这些对流体基本在辐合线附近生成、发展,沿着西南—东北向运动,在移动过程中合并,这使得 β 中尺度系统带进一步发展,对流回波带宽度 40~80 km。西南—东北走向的 β 中尺度回波带是此次特大暴雨水汽和能量的供应者。

　　图 6.10 是 7 月 15 日 23:05 BT 反演风场以及由反演风场计算得到的散度场和涡度场。

在 2 km 高度(图 6.10(a)),β 中尺度对流回波带和辐合线(线段 AB)有较好的对应关系,辐合线位于对流回波带略偏东一线。辐合线西侧以西南气流为主,东侧南风分量较大,强回波(≥45 dBZ)主要位于辐合线及略偏东一侧,辐合线西侧回波相对弱一些。长泰和漳州都处在辐合线上,长泰附近辐合最强。β 中尺度回波带上有西南—东北走向的 β 中尺度对流线(≥45 dBZ),对流线与辐合线有较好的对应关系,长泰、漳州均处在对流线上。β 中尺度对流线是由辐合线上的 γ 中尺度对流单体迅速发展、合并而形成的。赵思雄等(2004)指出,对流线的移动主要由对流层中低层的盛行风控制,对流线上的对流单体一般沿着辐合线移动,从雷达回波强度格点化资料分析和双多普勒雷达风场反演的角度对其进行了佐证。正是潮湿的西南气流将水汽源源不断地输送到长泰、漳州附近,造成水汽的局地堆积,β 中尺度对流系统进一步加强,为特大暴雨的持续提供了水汽和能量。研究表明,β 中尺度系统的增强经常表征暴雨系统的增强,这也表明质量场向流场调整和风场在 β 中尺度暴雨系统中的动力主导作用。

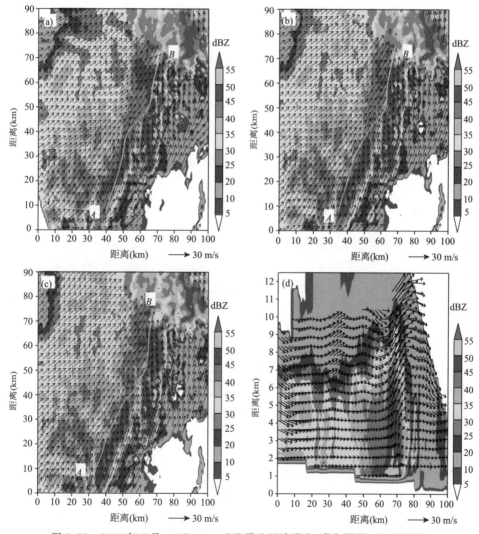

图 6.11　2006 年 7 月 16 日 01:09 BT 雷达回波强度(彩色阴影)和反演风场

(a. 2 km 高的水平速度;b. 2.5 km 高的水平速度;c. 3 km 高的水平速度;d. y=56 km 的垂直剖面 u−w 速度合成;(a)—(c)中粗实线 AB 是辐合线)

2.5 km(图 6.10(b))、3 和 3.5 km 高度上 β 中尺度回波带、β 中尺度对流线以及辐合线的位置和形态同 2 km 高度的基本一致，但高层的辐合线要相对弱一些。在 4 km 高度(图略)强回波带仍然呈西南—东北向排列，但辐合线已经很弱；暴雨区 4.5 km 以上高度主要受比较一致的西南气流控制。2.5 km 高度散度场上(图 6.10(c)，单位：$10^{-3}/s$)，在 β 中尺度对流回波带上有多个强辐合中心，强辐合中心基本沿着 β 中尺度对流线排列，最强的辐合中心在长泰和平和附近，而在高层以辐散为主。2.5 km 高度涡度场上(图 6.10(d)，单位：$10^{-3}/s$)，对流回波带上有多个正涡度大值区，最大正涡度中心在长泰附近；对流回波带上辐合中心与正涡度大值区有较好的对应关系。这种低层辐合、正涡度大值区，高层辐散的配置结构有利于暴雨的维持。

β 中尺度回波带的西南仍有新的 γ 中尺度对流单体生成，在沿着辐合线向东北移动过程中并入 β 中尺度线状对流系统，为对流线系统提供水汽和能量，使得强降水得以维持，这些都是系统组织化、强化的表现，使暴雨系统进一步发展。

23:27 BT，2、2.5 km 高度辐合线的位置与前一个时刻的位置基本相同。β 中尺度对流线进一步组织化，在其中部和南部沿着辐合线上排列着多个强度超过 50 dBZ 的 γ 中尺度强对流单体。2.5 km 高度，沿对流线分布着多个强辐合中心，长泰、漳州恰好位于强辐合中心附近；强辐合区与正涡度大值区基本对应。

图 6.11 是 7 月 16 日 01:09 BT 的反演风场。在 2 km 高度(图 6.11(a))，辐合线(线段 AB)位置基本不变，在 β 中尺度回波带上有两条 β 中尺度对流线且都位于辐合线附近。长泰和漳州位于北部的对流线上，在其上有多个 γ 中尺度强对流单体($\geqslant$50 dBZ)，对流单体基本位于辐合线偏东一侧。β 中尺度对流回波带上有较强的上升运动，在其两侧是下沉气流区。对流回波带上依然是强辐合区、正涡度大值区，长泰附近是辐合中心。2.5 km 高度(图 6.11(b))和 3 km 高度(图 6.11(c))上辐合线(图 6.11(b)、(c)中的线段 AB)、β 中尺度回波带的位置和形态同 2 km 高度的基本一致，但高层的辐合线要相对弱一些。

图 6.11(d)是 01:09 BT 沿 $y=56$ km 的垂直剖面 u-w 速度合成图，在系统主上升气流区的中低层仍维持着强回波，大于 45 dBZ 的强回波高度约 6 km，对流比较深厚。

此后，丰富的的水汽被西南气流源源不断地输送到暴雨区，中低层辐合线上对流单体发展活跃，强降水继续维持。

7 月 16 日 03:09 BT，暴雨区的降水与前几个小时相比已经明显减弱。β 中尺度回波带向东北方向移动，由于西南水汽输送减少，反演区的西南主要受较弱回波控制，β 中尺度对流线位于反演区中部，但水平尺度与前几个时次相比明显减小。强回波带偏东一线仍有西南—东北走向的辐合线(图 6.12(a)、(b)的线段 AB)，其位置基本没有变化，但明显减弱，主要是西南气流的辐合，强回波区依旧沿着辐合线分布。在垂直剖面上，上升气流明显减弱。

图 6.12 是 7 月 16 日 04:05 BT 的反演风场。由于降水的持续，空中水凝物大量沉降。2 km 高度(图 6.12(a))，β 中尺度回波带在向东北移动过程中开始消散，平均宽度只有 20 km，β 中尺度对流线也开始消散。低层的辐合线(图 6.12(a)、(b)的线段 AB)明显减弱，主要是西南气流的辐合，高层以西南气流为主。辐合线上排列有 γ 中尺度对流单体，长泰附近的对流单体发展依然比较旺盛，最强回波超过 50 dBZ，此时段长泰地区的局地强降水主要由 γ 中尺度对流单体造成。

由于水汽输送的进一步减少和中低层辐合线的逐渐减弱，中低层的强回波逐渐消散，维持暴雨的水汽和动力条件越来越差,长泰和漳州地面降水也趋于减少,08:00 BT 降水过程结束。

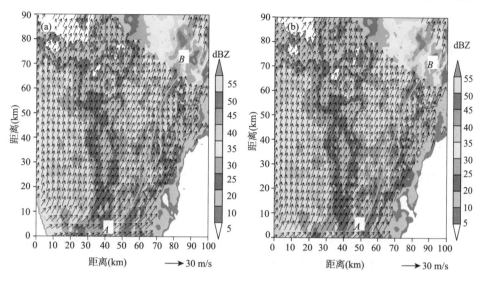

图 6.12　2006 年 7 月 16 日 04:05 BT 雷达回波强度(彩色阴影)和反演风场(a.2 km 高的水平速度;b.2.5 km 的水平速度;粗实线是辐合线)

6.4　暴雨三维云系结构模型

　　综合双多普勒雷达三维风场反演结果、反演区四周的探空站资料。本节对暴雨成熟阶段的三维云系结构总结如下。在暴雨系统内部的主雨带低空有一条西南—东北走向由西南气流和南风构成的辐合线,受源源不断的水汽输送和中低层辐合线动力抬升作用,在主雨带低空形成一条西南—东北走向的 β 中尺度对流回波带。在辐合线上分布着多个 γ 中尺度强对流单体,对流单体沿着辐合线排列形成西南—东北走向的 β 中尺度对流线。中尺度对流体内部对流运动深厚,强上升气流区的中低层是强回波区,上升气流区的两侧是下沉气流区,构成了明显的垂直环流,有利于暴雨的维持(许焕斌,1997)。在 β 中尺度回波带的西南依然有新的 γ 中尺度对流单体生成,基本沿着辐合线向东北移动,在移动过程中,由于有丰富的水汽供应,对流单体不断发展,为暴雨的持续提供了有利条件。

第7章　C波段双线偏振雷达系统测试定标
方法及其资料质量初步分析

双线偏振雷达通过交替发射或同时发射水平和垂直偏振波,并接收两个偏振方向的回波信号的方法,可同时探测到降水系统的回波强度(Z_H)、差分反射率因子(Z_{DR})、差传播相移率(K_{DP})和水平垂直信号相关系数(ρ_{HV}),这些量直接反映了降水系统粒子相态、滴谱分布等微物理结构的变化规律,从而可以丰富雷达资料信息量、增强雷达降水估测和相态识别的能力(Gorgucci *et al.* 2002;Brandes *et al.*, 2001;Ryzhkov *et al.* 1996;Zrnic 1996)。

双线偏振雷达探测的偏振量属于一种差式测量,即测量两个具有很大数值的物理量之间的差值。如:差分反射率因子(Z_{DR})、差传播相移率(K_{DP})测量的是水平、垂直通道之间回波强度或传播相位的差值,它们的取值范围均非常小。以 Z_{DR} 为例,通常 Z_H 的取值为 -10—65 dBZ,而 Z_H 与 Z_V 之间的差别很小,故差分反射率因子 Z_{DR} 仅为 -5—5 dB。所以,这些测量的偏振量中存在非常小的误差就会引起降水强度估测和相态识别结果的很大的误差,这就要求双线偏振雷达探测精度非常高。双线偏振雷达系统对天线水平、垂直偏振波的发射和接收的一致性及隔离度、两路接收机的一致性、系统的相位噪声等方面均有很高的要求。为了得到准确可靠的双线偏振雷达资料,对整个雷达系统的测试、定标及其观测资料的订正就显得非常重要。如 Doviak 等(2000)对研制的 S 波段双线偏振雷达在工作模式、天线结构、数据质量等方面进行了深入的分析,美国在 WSR-88D 上发展的 KOUN 双线偏振雷达系统在应用前,也对其进行了严格的测试,其测试结果也已经被应用到资料分析中(Melnikov *et al.* 2003)。

我国早在 20 世纪 80 年代就利用数字化雷达改造的双线偏振雷达开展了降水估测、降水粒子相态识别等方面的研究工作(刘黎平等,1996)。在新一代天气雷达建设的过程中,带有多普勒功能的双线偏振雷达研制及其应用从一开始就得到了各方面的重视,雷达厂家研制出了具有不同体制的双线偏振雷达系统。目前,我国已经有多种波长、多种工作模式的双线偏振雷达先后投入外场试验和科研工作,并在应用研究方面取得了积极的、令人瞩目的研究成果(曹俊武等,2005;王致君等,2007)。但迄今为止,对双线偏振雷达测试、定标和信号订正、资料的可靠性和数据质量等方面还未得到系统的研究,特别是对双线偏振雷达资料的质量控制及其应用范围方面还没有给予充分重视,所以,存在着有些双线偏振雷达观测资料的可靠性还难以判断的问题。

为此,中国气象科学研究院和安徽四创电子股份有限公司通力合作,将雷达在灾害天气监测中的应用研究和现代先进的雷达技术相结合,在新一代天气雷达测试定标基础上,深入研究了双线偏振雷达的测试、定标与获取的偏振信息量的订正和观测资料预处理等方面的内容,提出了双线偏振雷达定标和资料处理方法,并得到了初步的实验验证结果,其研究成果可在今后双线偏振雷达研制工作和资料分析应用中得到进一步的推广和深化。

7.1　C 波段双线偏振雷达系统介绍

中国气象科学研究院和安徽四创电子股份有限公司联合研发的可移式双线偏振雷达已经于 2008 年 6 月投入到我国南方暴雨和台风观测外场试验中,进行了 3 年外场观测,其主要技术参数见表 7.1。该系统工作在 C 波段,采用同时发射和接收水平、垂直偏振波的工作方式;同时,还具有交替发射和接收水平、垂直偏振波的功能。为了分析信号处理方法,本系统还具有记录原始 I、Q 信号的能力。为了满足探测暴雨、台风和强对流过程的中尺度结构的能力,本雷达系统采用车载的方式;同时,还具有灵活的天线扫描方式,可进行 PPI、体扫、RHI 和定点等方式的扫描。在出厂前,合作双方对该雷达进行了严格的测试和定标,并进行了试观测。

表 7.1　双线偏振雷达的主要参数

项目	参数	
发射机	波长	C 波段
	脉冲宽度	1.0/0.5 μs;150/75 m
	峰值功率	250 kW
	脉冲重复频率	300—1200 Hz
天线	直径	3.2 m
	增益	40 dB
	波瓣宽度	1.2°
	第一旁瓣电平	<-25 dB
	隔离度	优于 40 dB
接收机	工作模式	同发同收模式
	噪声功率	-109 dBm
	噪声系数	3.0 dB
	动态范围	>85 dB
资料处理系统	距离库数	1000/2000
	库长	75,150,300,450 m
	观测量	Z_H、V_r、S_W、Z_{DR}、ρ_{HV}、Φ_{DP}、K_{DP}
运输	卡车和集装箱	

7.2　定标方法

为了保证双线偏振雷达观测资料质量和反演产品的精度,雷达定标是非常重要的,我们应用测试信号和气象信号两种方法进行了该雷达的差分反射率因子(Z_{DR})和差传播相移(Φ_{DP})定标。为了检验回波强度的定标结果,我们利用广州的 S 波段新一代天气雷达资料,与双线偏振雷达观测的回波强度进行了对比分析,并选取了一次强降水观测过程来研究分析雷达定标结果。

7.2.1　回波强度定标

该雷达的工作模式为"双发双收",从发射机发出的电磁波能量通过功分器,等分到水平和垂直偏振通道。根据雷达气象方程,回波强度的计算公式为:

$$Z_H = 10\lg \frac{1024 \times \ln 2}{|K|^2 \cdot \pi^3} + 10\lg \lambda^2 - 10\lg c\tau - 10\lg \theta\varphi - 2G$$

$$-10\lg P_t + L_\Sigma + L_p + 150 + 10\lg P_r + 20\lg R$$
$$= C + 10\lg(P_r) + 20\lg(R) \tag{7.1}$$

其中 Z_H(dBZ)代表回波强度，λ(mm)为波长，c 是光速(m/s)，G(dB)为双程天线增益，P_t(kW)为进入水平通道的功率，P_r(kW)是在天线处接收到的回波功率，τ(μs)为脉冲宽度，θ(°)和 φ(°)是发射波在水平和垂直方向上的波瓣宽度，R 是散射目标距雷达天线的距离，L_Σ(dB)是接收和发射通道的总衰减，L_P 是滤波器的衰减。这里的大部分参量如 λ，G，θ 和 φ 在公式(7.1)中是固定的，在出厂前就已经测定了，在外场试验期间基本保持不变。根据这些技术指标，这部雷达常数 $C = 72.40$ dB 。同样，我们可以计算垂直偏振状态下的回波强度。

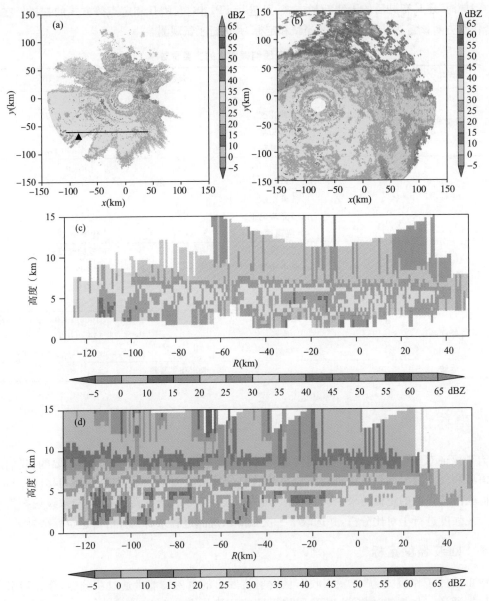

图 7.1　C 波段双线偏振雷达(a,c)和广州新一代天气雷达(b,d)观测到的 5.5 km 高度上的回波强度水平分布(a)和(b)及沿(a)中水平黑色横线的垂直截面上的回波结构 (c)和(d)

2008 年 6 月,该雷达在广州市东部的博罗地区(23.214° N,114.192° E,海拔高度:23.0 m)进行了暴雨观测,广州的 S 波段新一代天气雷达离该双线偏振雷达直线距离为 83 km。我们利用 6 月 6 日一次暴雨过程资料分析 C 波段双线偏振雷达回波强度的定标结果。为了进行定量分析,我们利用中国气象科学研究院的新一代天气雷达组网软件系统,将两部雷达的回波强度插值到同一直角坐标系下,为了避免雨区衰减对 C 波段双线偏振雷达的影响,我们选用离 C 波段双线偏振雷达 30 km 以内的 5 km 高度上的 CAPPI 资料进行对比分析。统计结果表明:广州雷达和 C 波段双线偏振雷达的回波强度平均偏差在 3 dB 以内。因 C 波段双线偏振雷达周围的遮挡影响,低仰角的 PPI 资料不适合进行比对。图 7.1 给出了 2008 年 6 月 6 日 09:43 BT 的双线偏振雷达和 SA 雷达观测到的 5.5 km 高度上的回波强度的 CAPPI 和给定截面上的垂直回波结构。两部雷达观测到了相同的回波结构及在距离为 −115 和 −95 km 上的 5 km 高度上的 0℃ 层亮带结构(图 7.1(c))。但是,我们也发现了在 6 km 高度上回波强度的明显差别(距离在 −130 和 100 km 范围内)。另外,我们也检查了 6.5 km 高度以上的回波强度的变化,发现两部雷达在东北部观测的回波非常一致,而在西南部,C 波段双线偏振雷达观测的回波强度比 SA 的高 5 dB 左右。造成这种结果的原因可能有两种,一是散射体距两部雷达的距离不同,另外,可能是因天线转动造成的振动使放在泥土地上的 C 波段双线偏振雷达有稍微倾斜。

7.2.2　Z_{DR} 定标

(1)天线和接收机的测试

通过天线发射出去的水平、垂直偏振波的波瓣宽度及指向的一致性、主要旁瓣的一致性、两通道的增益一致性是保证水平垂直偏振波的后向散射能量来自相同降水散射体的重要因素,是偏振量可靠性的重要保证。该雷达系统为了保证水平、垂直辐射特性的一致性,采用了 4 个支架支撑馈源的方式,这与 WSP-88D 偏振雷达(KOUN)采用的 3 个支架的天线结构不同。天线测试结果表明:该雷达系统天线水平和垂直波瓣宽度分别为 1.26° 和 1.33°,增益均为 42.2°,旁瓣一致性非常好,满足双线偏振雷达探测的需求。这种方式保证了水平、垂直偏振波的一致性,但旁瓣电平比采用 3 个支架的天线稍高些,分别为 −29.3 和 −28.0 dB。雷达天线的测试结果表明该雷达天线对水平、垂直偏振波的波瓣匹配得非常好。

在"双发双收"工作模式下,考虑到天线对水平、垂直偏振波的增益的差异、水平垂直通道发射功率的差异、两个通道的衰减的差异,Z_{DR} 的理论值为:

$$Z_{DR} = \Delta G_A + \Delta L + \Delta P_o + 10\lg \frac{P_H}{P_V} + 10\lg \frac{1-(N_H/P_H)}{1-(N_V/P_V)} \tag{7.2}$$

其中 Z_{DR} 为理论上测量的值,ΔG_A 为天线在垂直偏振和水平偏振方向的增益差,根据雷达的测试结果,该值为 0;ΔL 为水平偏振通道和垂直偏振通道的损耗差(单位为 dB),该雷达的测试结果为 0.39 dB;ΔP_o 为发射机发射功率分配到水平和垂直通道的能力的比值(单位为 dB),其测量值为:−0.029 dB;(7.2)式的第 4 项为 Z_{DR} 的雷达测量值,第 5 项为噪声对 Z_{DR} 的影响,N_H、N_V 为接收机输出端水平、垂直通道的噪声功率,P_H、P_V 为对应的总的功率。

下面分析如何从偏振雷达测量的 Z_H 和 Z_{DR} 计算第 5 项。

考虑到接收机对信号和噪声的放大倍数是一样的,第 5 项可重写为:

$$Z_{DRSNR} = 10\lg \frac{1-R_{SN_H}^{-1}}{1-R_{SN_V}^{-1}} \tag{7.3}$$

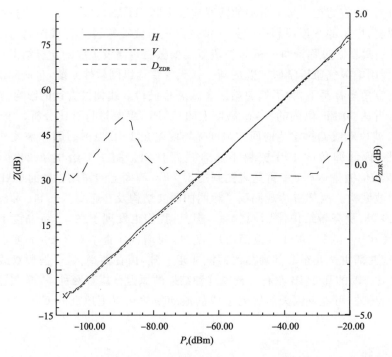

图 7.2　C 波段双线偏振雷达水平通道（实线）和垂直通道（点线）
的动态曲线及其相应差值 D_{ZDR}（短虚线）

式(7.3)中的 R_{SN_H} 和 R_{SN_V} 分别为水平偏振波和垂直偏振波的信噪比。这两个量都不是双线偏振雷达直接输出量，必须从下列方程中计算得到：

$$R_{SN_{H,V}} = 10^{Z_{H,V} - 20\lg(R) - C - P_{\min}} \tag{7.4}$$

为了估计式(7.2)中第 4 项对 Z_{DR} 的系统误差的影响，水平、垂直通道及接收机的性能必须严格进行测试。图 7.2 给出了两个接收机的动态范围及其相应差值。两部接收机的动态范围均约为 86 dB，从 −19 dBm 到−105 dBm。两条动态曲线的斜率分别为 1.001 和 1.004，与拟合直线的均方根误差小于 0.3，水平和垂直通道接收机动态曲线在−80 和−30 dBm 接收功率之间的误差小于 0.5 dB，但在−90 dBm 时，其误差达到 1.5 dB。这一测试结果将直接应用于双线偏振雷达观测数据订正。

(2)气象信号 Z_{DR} 在定标中的应用

为了检查和验证利用机内和机外仪表标定的结果，我们采用天线垂直指向的方法或者是观测均匀已知偏振量的降水系统，分析获得的偏振量 Z_{DR}、K_{DP} 的测量误差。从理论上讲，天线垂直指向时，观测到的降水系统平均的 $Z_{DR} = 0$ dB，$K_{DP} = 0°/km$。这种观测方法主要用来检验观测资料的系统误差的订正情况。另外，对于大范围降雪和层状云降水等均匀的降水系统，因其偏振量比较均匀，可以用来检验偏振量随信噪比 R_{SN} 的变化。图 7.3 给出了在珠海以雷达垂直指向观测到的一次暴雨过程的 Z_{DR} 及两部接收机增益差的观测数据的对比，这两套数据表现的一致性说明了两部接收机的不匹配会直接造成 Z_{DR} 误差。图 7.4 给出了 2008 年 7 月 17 日观测到的一次暴雨过程的原始的 Z_{DR} 和经过订正后的 Z_{DR} 对比结果。经过订正后，在不同噪声系数(R_{SN})下的 Z_{DR} 平均值均能达到接近零值的理想水平。

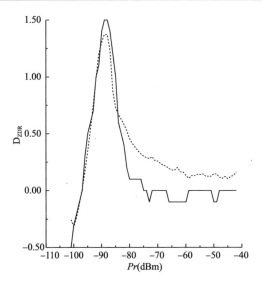

图 7.3 珠海雷达垂直指向观测到的平均 Z_{DR}（实线）和两个通道的增益差（点线）随回波功率 P_r 的变化（2008 年 7 月 17 日暴雨过程）

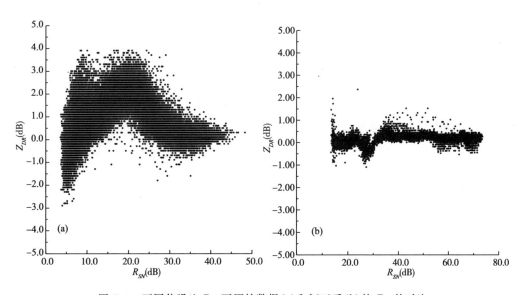

图 7.4 不同信噪比 R_{SN} 下原始数据（a）和订正后（b）的 Z_{DR} 的对比

7.2.3 Φ_{DP} 定标和相位一致性的测试

（1）用测试信号进行 Φ_{DP} 定标

该雷达此时采用同时收发体制，两个通道损耗和相位的一致性测试包括两个通道对功率的损耗差和对雷达波的相位差。通道损耗差直接与 Z_{DR} 的计算有关，而从发射机到天线馈源水平、垂直通道的相位差（相位一致性）关系到雷达发射的电磁波是否确实为与水平方向成 45°夹角的线偏振波。图 7.5 给出了 Φ_{DP} 测试定标的示意图，测试设备分别连接在 5,3 和 5,4

端口。测试结果表明:水平、垂直通道的整体损耗差为 0.39 dB,馈源处两个通道发射雷达波的相位差小于 2°。

将信号发生器连接在 2 和 4 端口以产生已知相位的信号,通过调节信号发生器产生不同相位差的信号,同时从信号处理器中读出实际测试的 Φ_{DP}。结果表明:相移的理论值和实际信号处理器输出的值之差在$-0.5°\sim0.4°$。

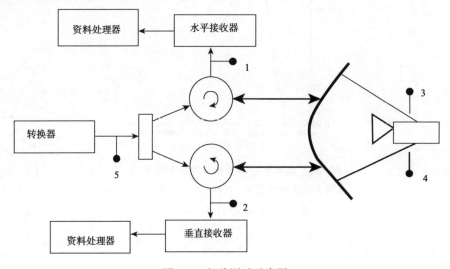

图 7.5　相移测试示意图

(2)用气象信号对 Φ_{DP} 初值进行定标

Φ_{DP} 初值可以从靠近雷达的回波边缘的 Φ_{DP} 进行统计分析计算得到,在忽略后向散射引起的相位差条件下,观测得到的边缘回波的 Φ_{DP} 初值平均值即为 Φ_{DP} 初值。图 7.6 给出了不同方位的 Φ_{DP} 初值的变化,其平均值为$-112.5°$,标准差为 5.4°,最大误差为 18.9°。

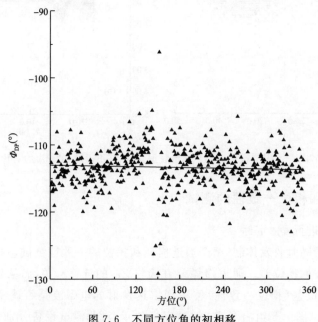

图 7.6　不同方位角的初相移

7.3　噪声对 Z_{DR} 和 $\rho_{HV}(0)$ 影响的订正

Z_{DR}、ρ_{HV} 除取值范围非常小外,因雷达白噪声引起的偏振量的误差也不可忽视。这里,我们给出 Z_{DR} 和 $\rho_{HV}(0)$ 的系统误差和信噪比的订正方法。

根据差分反射率因子的定义,并假定水平、垂直偏振方向的噪声功率是一样的,公式(7.3)可改写为:

$$Z_{DRSNR} = 10 \lg \frac{R_{SN_H} - 1}{R_{SN_H} - z_{dr}} \tag{7.5}$$

z_{dr} 和 Z_{DR} 的关系可表示为:

$$z_{dr} = 10^{\frac{Z_{DR}}{10}} \tag{7.6}$$

因为 R_{SN} 在雷达原始资料中不能得到,但我们可以从 Z_H(dBZ)和距离等参数计算得到:

$$R_{SN_H} = 10^{Z_H - 20\lg(R) - C - P_{\min}} \tag{7.7}$$

其中:C 为雷达常数,$P_{\min}$ 为最小可测功率,对于这部雷达 $P_{\min} = -114$ dBm。

公式(7.5)和(7.7)式就是噪声系数对差分反射率因子影响的订正方法。图 7.7 给出了噪声对 Z_{DR} 的影响的大小,从图中可以看出:在 R_{SN} 比较小和 Z_{DR} 值偏离零时,白噪声对 Z_{DR} 的影响是不可忽略的,如在 $R_{SN} = 7$ dB,$Z_{DR} = 3.0$ dB 时,白噪声引进的误差为 1.0 dB,当 $R_{SN} >$ 10 dB 后,该影响小于 0.4 dB,基本可以忽略。

下面推导相关系数噪声影响的订正公式。

对于同时发射和接收模式,我们可以同时得到水平和垂直散射信号,零滞后相关系数 $\rho_{HV}(0)$ 的估值可以表示为:

$$\rho_{HV}(0) = \frac{\left| \frac{1}{M} \sum_{i=1}^{M} (E_{PH}^{*}(i) - E_{NH}^{*}(i))(E_{PV}(i) - E_{NV}(i)) \right|}{\sqrt{(|E_{PH}| - |E_{NH}|)(|E_{PV}| - |E_{NV}|)}} \tag{7.8}$$

其中 E_{PH} 及 E_{PH}^{*} 分别为雷达接收到的水平偏振气象散射电信号和噪声总和及其共轭,E_{NH} 及 E_{NH}^{*} 分别为噪声电信号及其共轭;E_{PV} 为雷达接收到的垂直偏振气象散射电信号和噪声总和,E_{NV} 为噪声电信号;$|E_{PH}|$、$|E_{NH}|$、$|E_{PV}|$、$|E_{NV}|$ 分别为水平偏振气象信号、水平偏振噪声信号、垂直偏振气象信号、垂直偏振噪声信号的幅度。将(7.8)式的分子展开,考虑到噪声电信号的随机性,(7.8)式可变成:

$$\rho_{HV}(0) = \frac{\left| \frac{1}{M} \sum_{i=1}^{M} E_{PH}^{*}(i)(E_{PV}(i) \right|}{\sqrt{|E_{PH}||E_{PV}|} \sqrt{\left(1 - \frac{|E_{NH}|}{|E_{PH}|}\right)\left(1 - \frac{|E_{NV}|}{|E_{PV}|}\right)}} = \frac{\rho_{HVM}(0)}{\sqrt{\left(1 - \frac{|E_{NH}|}{|E_{PH}|}\right)\left(1 - \frac{|E_{NV}|}{|E_{PV}|}\right)}} \tag{7.9}$$

其中,$\rho_{HVM}(0)$ 为雷达系统本身测量的相关系数,考虑到信噪比倒数为一小量,上式可简化为:

$$\rho_{HV}(0) = \rho_{HVM}(0)\left(1 + \frac{1}{R_{SN_H}}\right) \tag{7.10}$$

图 7.8 给出了相关系数理论值和实际测量值之比随 R_{SN} 的变化曲线,可以看出当 $R_{SN} >$ 10 dB 时,噪声引起的误差小于 10%,基本可以忽略不计。

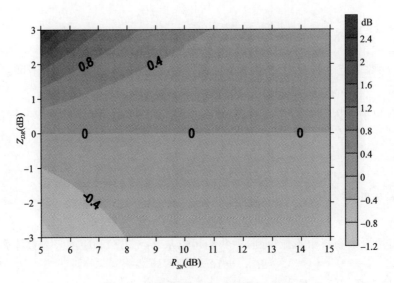

图 7.7　不同信噪比 R_{SN} 时的 Z_{DR} 误差

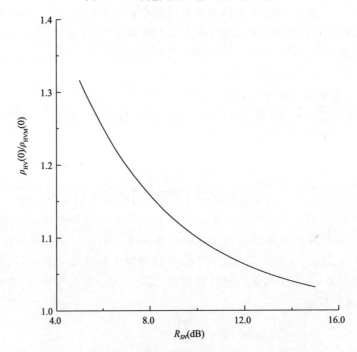

图 7.8　相关系数理论值与实际测量值比值随 R_{SN} 的变化

7.4　订正效果分析

　　现以一次暴雨过程的观测资料为例,分析双线偏振雷达观测资料的质量和订正效果。图 7.9 给出了 9.8°仰角 PPI 上的 Z_H、ρ_{HV}、原始的 Z_{DR} 和订正后的 Z_{DR}。图 7.10 给出了这些参量的平均的垂直廓线。从图 7.9(a)、(b)中可以看出:Z_H 和 $\rho_{HV}(0)$ 资料在 28 km 距离上反映出了 0℃ 层亮带现象；在零度层亮带内（4 km 高度上），Z_H 明显增加，同时 $\rho_{HV}(0)$ 明显减小（见图 7.10）。另一方面，因为两部接收机增益不匹配导致的 Z_{DR} 误差，使得该参数没有能够反映出零度层亮带现象，并且出现了零度层以下大范围的负的 Z_{DR} 值，这是不符合理论分析和实际情况的。为此，我们进行了 Z_{DR} 的订正，结果明显改善了资料的质量，订正后的 Z_{DR} 所给出的 0℃ 层亮带形态与其他研究者的观测结果相一致（Zrnic $et\ al.$ 1993）。

　　现在再分析相关系数 $\rho_{HV}(0)$ 的资料质量。图 7.11 给出了 $\rho_{HV}(0)$ 随 R_{SN} 的变化。根据国外降雪的实际探测结果，在没有明显的 0℃ 层亮带的地方，ρ_{HV} 应该在 0.95 以上；而且在 R_{SN} 比较低的情况下，$\rho_{HV}(0)$ 也有明显的变小趋势。从图中可以看到：当 $R_{SN}>25$ dB 时，大部分 $\rho_{HV}(0)$ 值在 0.95 以上；当 $R_{SN}<25$ dB 时，$\rho_{HV}(0)$ 受信噪比的影响变得非常明显，开始明显变小，资料变得不可信。我们利用式（7.10）进行订正后，发现虽然对应于较小的 R_{SN} 的 $\rho_{HV}(0)$ 有一定的提高，但 R_{SN} 的影响仍然很大。从此个例研究来看，我们认为 $R_{SN}<25$ dB 的 $\rho_{HV}(0)$ 资料不能用，所得结果不可信。

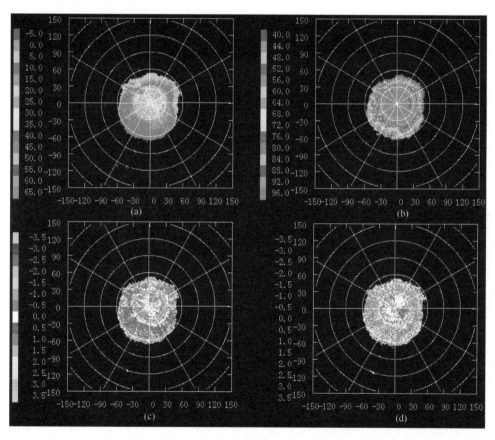

图 7.9　(a)Z_H(dBZ)，(b)$\rho_{HV}(0)$，(c)原始 Z_{DR}(dB)和订正后的 Z_{DR}(dB)(d)的 PPI

（雷达资料时间是 2008 年 6 月 6 日 12:47（北京时），PPI 仰角为 9.8°，距离圈为 30 km 间隔）

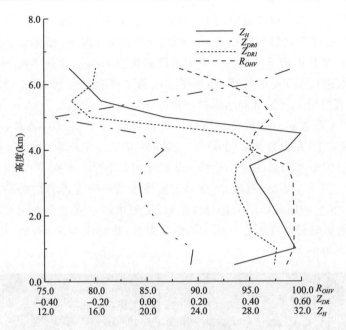

图 7.10　Z_H（实线）、原始 Z_{DR}（点和短线混合曲线）、订正后的 Z_{DR}（点线）和 $\rho_{HV}(0)$（虚线）的平均值的垂直廓线，资料时间同图 7.9

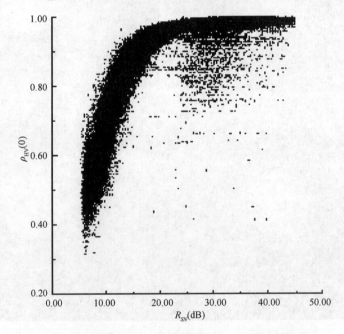

图 7.11　6°仰角 PPI 上 $\rho_{HV}(0)$ 和信噪比 R_{SN} 的关系散点图

（资料时间：2007 年 12 月 27 日）

　　本章以 C 波段可移式双线偏振雷达系统为例，提出了双线偏振雷达系统测试、定标和观测资料质量分析方法，并用一次暴雨过程的资料进行了检验分析；深入探讨了由于雷达系统硬件原因导致的偏振观测量的误差及其订正途径。所得初步结论概述如下：

　　(1)双线偏振雷达天线、两个通道的损耗、接收机的一致性等是双线偏振雷达测试和定标的重要项目,而气象目标是双线偏振雷达标定的重要方法。

(2)两路接收机不一致性造成的 Z_{DR} 误差是非常重要的问题,造成了 Z_{DR} 随信噪比变化,本节提出的方法有效解决了这一问题;经过处理后的资料能够正确反映降水粒子相态的变化过程。

(3)白噪声对 Z_{DR} 和 ρ_{HV} 的影响在 $R_{SN} > 10$ dB 时可以忽略。

(4)信噪比是影响水平垂直信息相关系数的重要因素,对弱信号相关系数的分析和解释要十分谨慎。

第8章　双线偏振雷达参量的提取方法
及降水量估测新技术

利用中国气象科学研究院灾害天气国家重点实验室的 C 波段双线偏振雷达在广东等地观测的资料及相关地面资料,研究了双线偏振雷达参量提取方法及降水量估测新技术。

8.1　差传播相移质量控制

8.1.1　差传播相移(Ψ_{DP})

差传播相移率 K_{DP} 是从雷达测量的共极化差分相移 Ψ_{DP} 提取出来的,Ψ_{DP} 实际上由前向差分传播相移 Φ_{DP} 和后向差分散射相移 δ 两部分组成(Hubbert $et\ al.$ 1995),即:

$$\Psi_{DP} = \arg(<S_{VV}S_{hh}^*>) + 2(K_h^r - K_v^i)r = \delta + \Phi_{DP} \tag{8.1}$$

其中 S_{VV}、S_{hh} 为散射振幅,K 为复传播常数,上标 r 和 i 分别表示实部和虚部。

Ψ_{DP} 主要存在两方面的质量问题:一是单发单收体制雷达的 Ψ_{DP} 可测量范围被限制在 $180°$ 内,也就是说最大、最小可测量值之间间隔 $180°$,双发双收的测量范围则可扩大到 $360°$,(特别是对单发单收体制的 X 波段偏振雷达而言)当有大范围强降水时,远端回波的 Ψ_{DP} 可能会大于最大可测量值,此时 Ψ_{DP} 就会出现折叠,表现为接近最小可测量的值;二是因为后向散射相移以及噪声、地物及旁瓣等因素引起的 Ψ_{DP} 数值的显著抖动。Φ_{DP} 是一个距离累积量,其距离廓线应该是一个随距离单调增加的光滑函数,其变化是相对缓慢的。只包含 Φ_{DP} 的 Ψ_{DP} 距离廓线的抖动是统计上的波动引起,幅度一般较小(Bringi $et\ al.$ 1990)。δ 是非瑞利散射的结果,其值随着雨滴尺寸的增大而增大。在 S 波段,δ 和 Φ_{DP} 相比很小。对于短波长雷达,小到中等强度降水的 δ 值较小;而当雷达取样体积内有足够高密度的大雨滴(在 X 波段雨滴直径>3.5 mm)时,δ 值可能很显著(Zrnic $et\ al.$ 2000)。由于 δ 只取决于每个距离分辨体积的 $\arg(<S_{VV}S_{hh}^*>)$,它在 Ψ_{DP} 曲线中表现为先有一个相对陡峭的增加,而后随之是一个相对单调的递减。由于差传播相移率 K_{DP} 的估计以及反射率因子 Z_H 和差分反射率因子 Z_{DR} 的衰减订正使用的都是 Φ_{DP},所以需要对 Ψ_{DP} 进行滤波处理,去掉其中的显著抖动。

8.1.2　Ψ_{DP}退折叠

由于 Ψ_{DP} 是一个距离累积量,它随距离的分布应该是连续的,并且具有增加的趋势,因此可以通过径向连续性检查,对 Ψ_{DP} 进行退折叠处理。对 X 波段单收雷达,设径向上相邻两个非杂波点的有效差分相移值为 Ψ_{DP}^{i-1} 和 Ψ_{DP}^i,如果 $\Psi_{DP}^{i-1} - \Psi_{DP}^i \geqslant 140°$,那么 Ψ_{DP} 就被认为是折叠的,其值被加上 $180°$。

8.1.3　Ψ_{DP}滤波

Ψ_{DP}滤波的基本思路是对那些偏离 Ψ_{DP}平均趋势太远的值(例如,偏差大于平均标准差的 2~3 倍)进行处理。为此,首先需要计算 Ψ_{DP}的标准差并进行统计分析,得到其平均标准偏差。

Sachidananda 等(1986)最先给出了把差分相移标准差作为相关系数、速度谱宽和在两个正交极化之间交替转换的雷达取样数的函数的表达式。Ryzhkov 等(1998)对 Sachidananda 等(1986)的公式进行了简化,表达式如下:

$$S(\Psi_{DP}) = \left[v_{ar}(\Psi_{DP}) \right]^{\frac{1}{2}} \cdot \frac{180}{\pi} \qquad (8.2)$$

其中,$S(\Psi_{DP})$ 为 Ψ_{DP} 的标准差,$v_{ar}(\Psi_{DP})$ 为 Ψ_{DP} 的方差,表达式为:

$$v_{ar}(\Psi_{DP}) = \frac{1 - |\rho_{HV}|^2 |r(1)|^2}{4L^2 |\rho_{HV}|^2} \sum_{m = -(L-1)}^{L-1} (L - |m|) \cdot |r(2m)|^2$$
$$- \frac{|\rho_{HV}|^2 - |r(1)|^2}{4L^2 |\rho_{HV}|^2} \sum_{m = -(L-1)}^{L-1} (L - |m|) \cdot |r(2m+1)|^2 \qquad (8.3)$$

(8.3)式中的 L 为水平、垂直交替取样对数,ρ_{HV} 为共极化相关系数,$r(m)$ 为自相关系数,表达式为:

$$r(m) = \exp(j2kvTm) \cdot \exp(-8\pi^2 \sigma_v^2 T^2 m^2 / \lambda^2) \qquad (8.4)$$

(8.4)式中,$k = 2\pi/\lambda$,T 为水平发射或垂直发射的脉冲重复时间,即脉冲重复频率的倒数,λ 为波长,v 为平均多普勒速度,σ_v 为多普勒速度谱宽,m 为抽样序号。

图 8.1 给出了武汉暴雨所的 X 波段偏振雷达(型号:XPDRW)用 2008 年 8 月 22 日的鹦鹉台风观测资料统计的 $S(\Psi_{DP})$分布概率,其中雷达水平发射或垂直发射的脉冲重复频率为 750 Hz,取样对数为 64。从图 8.1 中可看出该雷达的 $S(\Psi_{DP})$主要集中在 1°~4°,平均值为 2.2°。

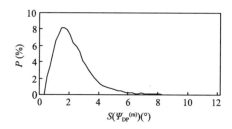

图 8.1　差分相移标准差的分布概率

图 8.2 给出了中国气象科学研究院的 C 波段偏振雷达(型号:PCDJ)用 2008 年 8 月 22 日的鹦鹉台风垂直指向观测资料统计的 $S(\Psi_{DP})$分布概率,其中雷达水平发射或垂直发射的脉冲重复频率为 900 Hz,取样对数为 64。图 8.2 中可看出该雷达的 $S(\Psi_{DP})$大于 18°的比例不到 1%。

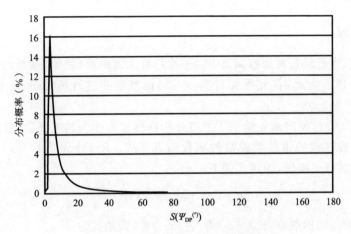

图 8.2　差分相移标准差的分布概率

首先沿径向对退过折叠后的 Ψ_{DP} 进行 4 km 窗口的滑动平均,得到 Ψ_{DP} 沿径向的趋势线,因为在 4 km 的距离间隔内,一些不合理的影响,例如系统噪声、非均匀波束填塞、差分后向散射相移等被大大减小。然后比较退折叠后的 Ψ_{DP} 和其滑动平均值,如果二者的绝对差大于给定的阈值(一般取 Ψ_{DP} 平均标准差的 2~3 倍,XPDRW 雷达取 5°,PCDJ 雷达取 18°),那么就用滑动平均值取代该距离库的 Ψ_{DP} 值。

图 8.3 为 2008 年 8 月 22 日 XPDRW 雷达观测的质量控制前后差分相移的距离廓线的一个例子。从图 8.3 中可看出:在 44.5 km 处,Ψ_{DP} 值从正的 100°左右突跳到 −80°左右,而且在 44.5 km 以远,Ψ_{DP} 是连续的负值,并且随距离有连续增加的趋势,这说明 44.5 km 以远的 Ψ_{DP} 值发生了折叠,在折叠区,Ψ_{DP} 值的抖动幅度较大;在 12.5 km 和 44 km 附近有几个 Ψ_{DP} 奇异值和其相邻的 Ψ_{DP} 值差异很大;在其他距离区间,Ψ_{DP} 值以一定的幅度波动,但总体趋势是随距离单调递增的。经过退折叠和滤波处理后,Ψ_{DP} 折叠区域的值从负的变为正的,并且与未折叠区远端的 Ψ_{DP} 具有连续性;Ψ_{DP} 距离廓线中的显著抖动也被滤掉了。Ψ_{DP} 经过质量控制后可被当成是 Φ_{DP}。

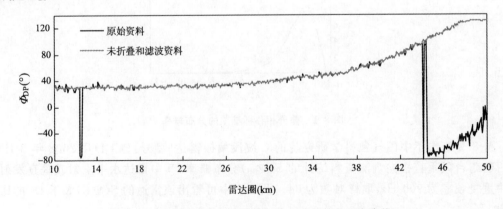

图 8.3　XPDRW 质量控制前后的差分相移的距离廓线

图 8.4 给出的是以 PCDJ 雷达在博罗观测时,于 2008 年 6 月 6 日 09:43 BT 开始观测的第一个体扫(仰角 1.5°,方位角 265°即广州 SA 雷达方向)的一个径向观测资料为例,说明数据处理不同阶段中 Φ_{DP} 的变化,及最后拟合的 K_{DP}(图中放大 10 倍)与 Z_H 的对应情况。

由图中可以看出,直接探测到的 Φ_{DP} 值沿径向有剧烈波动,特别是近距离处由于地物杂波的影响,及远距离处回波信号较弱时,Φ_{DP} 的幅值相差超过 $100°$,经大于 $18°$ 标准差滤除处理后,Φ_{DP} 的波动明显较小,再经平滑滤波后,在 100 个库以外,Φ_{DP} 随距离增加,基本上呈现为单调递增。而近距离处 Φ_{DP} 数据由于受地物影响较大依然较为杂乱。对比 Z_H 与 K_{DP} 的变化趋势可以看出,对应 Z_H 大值区,K_{DP} 值也较大,特别是两者的变化趋势基本一致。这说明经采用这些步骤处理数据后,是能够得到较为合理的 K_{DP} 值的。显然可见,远距离处的杂波,基本已被滤除。

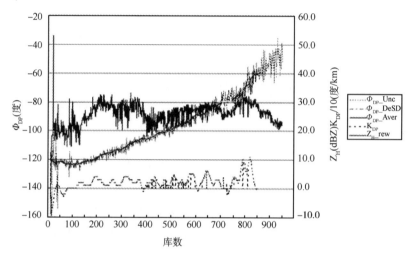

图 8.4　PCDJ 雷达不同阶段处理后的 Φ_{DP} 及对应的 Z_H、K_{DP} 图像

(2008 年 6 月 6 日 09:43 BT)

8.2　传播相移率的提取

Φ_{DP} 与差传播相移率 K_{DP} 之间的关系为:$\Phi_{DP}=2\int_0^r K_{DP}(r)dr$,若在降水区中相邻距离 r_1、r_2 处的双程差分传播相移分别为 $\Phi_{DP}(r_1)$ 和 $\Phi_{DP}(r_2)$,则有:

$$K_{DP}=\frac{\Phi_{DP}(r_2)-\Phi_{DP}(r_1)}{2(r_2-r_1)} \tag{8.5}$$

如果 r_1、r_2 是降水区中沿径向方向的任意两点,那么用上式求得的 K_{DP} 就代表 r_1、r_2 距离间的平均比差分传播相移。但是,由于 K_{DP} 的估计容易受到 Φ_{DP} 的随机误差以及 δ 的影响(Zrnic et al.1996;Hubbert et al.1995),所以要使用一定距离间隔 Δr 内的经过质量控制后的 N 个距离库的 Φ_{DP} 值,再进行最小二乘线性拟合,得到 Φ_{DP} 的斜率,而 K_{DP} 就被估计为该斜率的一半,表达式如下:

$$K_{DP}=\frac{\sum_{i=1}^N\left[\Phi_{DP}(r_i)-\overline{\Phi_{DP}}\right](r_i-r_0)}{2\sum_{i=1}^N(r_i-r_0)^2} \tag{8.6}$$

其中 $r_0=\dfrac{1}{N}\sum_{i=1}^N r_i,\overline{\Phi_{DP}}=\dfrac{1}{N}\sum_{i=1}^N\Phi_{DP}(r_i)$,$r_i$ 为第 i 个距离库与雷达之间的距离。

图 8.5 给出了用 2008 年 8 月 22 日 XPDRW 雷达观测到的 Φ_{DP} 资料,估计的 K_{DP} 距离廓线的一个例子,所对应的 Φ_{DP} 距离廓线见图 8.3。从图 8.5 可看出,和 $\Delta r = 4$ km 相比,当 $\Delta r = 2$ km 时,K_{DP} 的最大值要大,最小值要小,峰值宽度要窄,但是两根 K_{DP} 距离廓线下面所围成的面积大小还是相近的。也就是说,Δr 的取值会影响基于 K_{DP} 估计的降水率值的大小,但不会显著改变面累积降雨量的估值大小。比较图 8.3 和 8.5,可以看出,当 Φ_{DP} 随距离的变化趋势不明显时,K_{DP} 的值在 0 附近波动;当 Φ_{DP} 随距离明显增加时,$K_{DP} > 0$,且 K_{DP} 随着 Φ_{DP} 梯度的增大而增大。

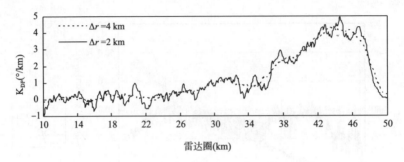

图 8.5　XPDRW 估计的 K_{DP} 距离廓线的例子

图 8.6 给出了 PCDJ 雷达 2008 年 6 月 6 日 09:43 BT 开始观测的体扫(1.5°仰角)PPI 图像,其左图中的 K_{DP} 为仅仅利用相邻两点数据直接计算得到的,其右图中的 K_{DP} 是经过杂波滤除及距离平均处理后得到的。显而易见,K_{DP} 经处理后,杂波基本上被滤除,R_{SN} 比较小的数据也得以剔除,整个 K_{DP} 数据图像结构合理、层次分明。

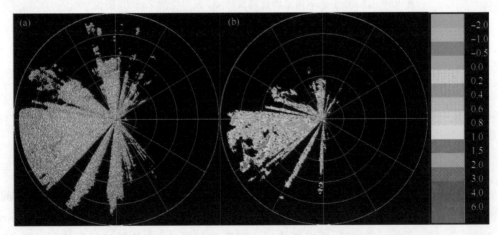

图 8.6　PCDJ 雷达经处理前(a)后(b)的 K_{DP} 图像(距离圈为 30 km,下同)

8.3　反射率及差分反射率因子的衰减订正

Bringi 等(1990)通过散射的数值模拟表明:衰减率 A_H 和差分衰减率 $A_{DP} = A_H - A_V$(A_H、A_V 分别为水平与垂直偏振波在降水区中的衰减率,单位:dB/km)与 K_{DP} 之间基本上为线性关系。因此,可利用 K_{DP} 或总差分传播相移 Φ_{DP} 来表达在雨中距离雷达 R km 处的总双向衰减订

正 $\Delta Z_H(R)$ 和差分衰减订正 $\Delta Z_{DR}(R)$，表达式如下：

$$\Delta Z_H(R) = 2\alpha_1 \cdot \Delta R \sum_{i=0}^{N} K_{DP}(i) = \alpha_1(\Phi_{DP}(R) - \Phi_{DP}(0)) \tag{8.7}$$

$$\Delta Z_{DR}(R) = 2\alpha_2 \cdot \Delta R \sum_{i=0}^{N} K_{DP}(i) = \alpha_2(\Phi_{DP}(R) - \Phi_{DP}(0)) \tag{8.8}$$

其中 N 为从雷达到 R km 处的总探测库数，ΔR 为库长（单位：km），$\Phi_{DP}(0)$ 为沿径向的初始差分传播相移，系数 α_1 和 α_2 依赖于雨滴椭球率（用雨滴纵横比 r 描述）和它的等体积球形直径 D。在平衡雨滴形状模式下，球形雨滴纵横比 r 作为 D 的函数总是随 D 的增大而线性减小，即 $r=1.03-0.62D$。小于 0.05 cm 的雨滴总被假设是球形的，然而，当雨滴直径大于0.05 cm 时，r 与 D 的关系变化是很明显的（Gorgucci $et\ al.$ 2000；Keenan $et\ al.$ 2001；Andsager $et\ al.$ 1999），通用的关系式为：

$$r=(1.0+0.05b)-bD \quad (D>0.05\ \text{cm}) \tag{8.9}$$

其中 b 是形状因子（单位：cm^{-1}）。Matrosov 等（2002）发现当 $r-D$ 关系为线性模式时，系数 α_1 几乎总是与形状因子 b 成反比，在 X 波段，它们的关系可近似表示为：

$$\alpha_1 \approx 0.145b^{-0.91} \tag{8.10}$$

为了实时估算降水，Matrosov 等（2005）设 b 值为其变化范围内的平均值，即 $b\approx 0.57\ \text{cm}^{-1}$，从而得到 $\alpha_1\approx 0.25$ dB/度，能满足降水估算所需要的精度。α_2 对雨滴形状不是很敏感，Matrosov 等（2005）给出雷达波长 $\lambda=3.2$ cm 时 $\alpha_2=0.033$ dB/度。

图 8.7 给出了一个衰减订正前后 Z_H 和 Z_{DR} 距离廓线的例子，对应的 Φ_{DP} 距离廓线见图 8.3。比较图 8.3 和 8.7，发现在近雷达一侧，雷达测量的 Z_H、Z_{DR} 比较小，对应的 Φ_{DP} 变化非常小；在 30 km 以远，Φ_{DP} 随距离单调递增的趋势比较明显，对应的 Z_H、Z_{DR} 先增加再减小，说明 30 km 以远降水强度比较大，Z_H、Z_{DR} 受到降水影响衰减比较严重；经过衰减订正后，30 km 以远 Z_H、Z_{DR} 值得以增大以恢复其本来面目了。

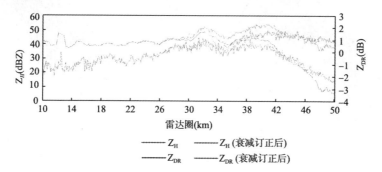

图 8.7　衰减订正前后的 Z_H 与 Z_{DR} 的距离廓线

图 8.8 给出了用 2008 年 8 月 22 日 16：17：58 BT XPDRW 雷达观测的衰减订正前（图 8.8 (a)）后（图 8.8(b)）和 2008 年 8 月 22 日 16：18：57 BT CAINRAD-SA 雷达观测的（图 8.8(c)）体扫资料得到的 2 km 高度的反射率因子 CAPPI，图像中白色圆形面积的中心是 XPDRW 雷达的站点位置。从图中可看出两雷达观测的回波空间位置和形状是比较一致的，在 XPDRW 雷达站的东北方向，由于降水强度大，回波衰减严重，经衰减订正后回波变强。

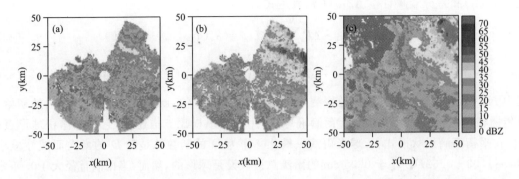

图 8.8　XPDRW 雷达衰减订正前(a)后(b)与 CINRAD-SA 雷达(c)2 km 高度的反射率因子 CAPPI

　　图 8.9 给出了图 8.8(a)与图 8.8(c)(a)、图 8.8(b)与图 8.8(c)(b)中的反射率因子散点图及拟合曲线(虚线),其中 Z_1 为 CINRAD-SA 雷达的, Z_2 为 XPDRW 雷达的。从图中可看出,在 XPDRW 雷达衰减订正前,对于小到中等强度降水来说,两雷达的反射率因子比较一致,对于强降水,CINRAD-SA 雷达的要强于 XPDRW 雷达的;经过衰减订正后,对于强降水,XPDRW 雷达和 CINRAD-SA 雷达同步观测的 Z_H 一致性变好,但是 XPDRW 雷达的反射率因子整体上要大于 CINRAD-SA 雷达的,并且随着降水强度的增大,二者的差值也线性增大,这与理论计算结果是比较一致的(Chandrasekar *et al.* 2002)。通过线性拟合,得到二者的比值为 1.0852。

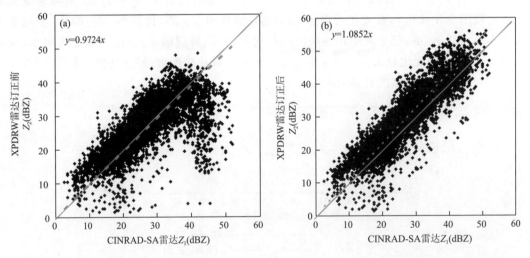

图 8.9　XPDRW 雷达衰减订正前(a)后(b)与 CINRAD-SA 雷达 2 km 高度的反射率因子散点图

　　图 8.10 给出了 2008 年 8 月 22 日 16:17:58 BT XPDRW 雷达观测的经衰减订正后的 Z_H 与 K_{DP}、衰减订正后的 Z_{DR} 之间的散点图(取 1.5° 仰角,70°—90° 方位的值)。从图中可看出 Z_{DR} 随 Z_H 有线性增加的趋势。在小到中等强度降水情况下,K_{DP} 值比较小,在 0 值附近,随着 Z_H 值的增加,K_{DP} 值有缓慢增加的趋势;在强降水情况下,K_{DP} 值随 Z_H 值的增加而快速增加。

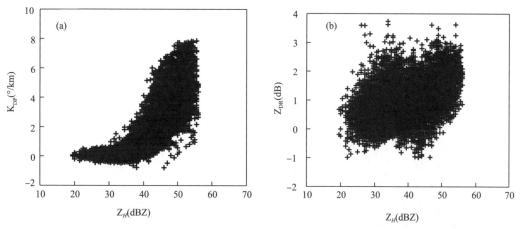

图 8.10　衰减订正后的 Z_H 与 K_{DP}(a)和衰减订正后的 Z_{DR}(b)之间的散点图

图 8.11、8.12 为 PCDJ 雷达经过偏振雷达衰减订正及系统误差前后的 Z_H、Z_{DR} 图像。图 8.13 为偏振雷达衰减订正前后的 Z_H 在雷达与广州 SA 雷达连线上的剖面图。

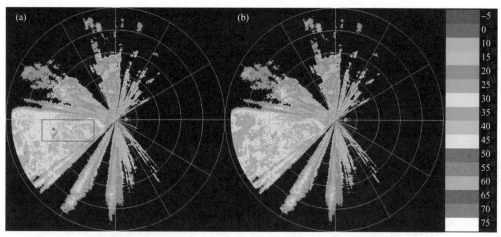

图 8.11　衰减订正前(a)后(b)的 Z_H 图像,其中红色方框为选取定量降水估测区域,红点为广州 SA 雷达站

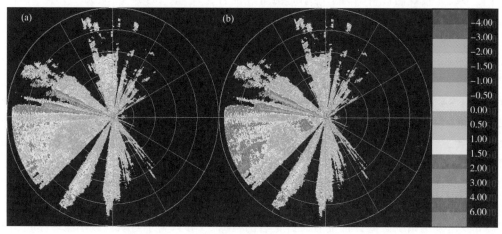

图 8.12　订正衰减及系统误差前(a)后(b)的 Z_{DR} 图

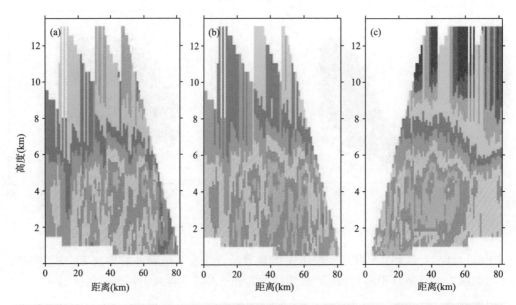

图 8.13　PCDJ 雷达(博罗,82 km 处)订正前(a)后(b)与 SA 雷达(c. 广州,0 km 处)剖面

　　由图 8.11—图 8.13 可以明显看出,经过系统误差及衰减订正后,PCDJ 雷达强度值有了明显改善,与 09∶37 BT 开始观测的广州 SA 雷达连线之间的剖面图相比较,强中心位置及强度值也大致相同。另一方面,经订正后,Z_H 与 Z_{DR} 的对应关系也较好了。

8.4　C 波段双线偏振雷达降水估测

8.4.1　2008 年 6 月 6 日暴雨过程

　　受切变线和暖湿气流的共同影响,2008 年 6 月 6 日,广东省出现了大面积暴雨天气过程。当时,PCDJ 雷达在广东博罗(23.17°N,114.11°E)进行外场观测,雷达靠柴油发电机供电工作,由于柴油发电机只能连续工作 4 个多小时,故当天只从 09∶43—14∶27 BT 连续取得了 4 小时 44 分钟的完整观测资料。为了与小时雨量计配合比较,取 10∶04—13∶55 BT 共 45 个体扫数据进行对比分析。

　　选取广州 SA 雷达(23.00°N,113.34°E)与偏振雷达之间遮挡较少区域(22.91°N,113.19°E—23.21°N,113.89°E)的两部雷达观测数据,以及区域内 96 个自动雨量计资料对比分析各种降水估测方法的相对误差。$I—H$ 法($I_H = AZ_H^b$)采用标准的系数 $A=300$,$b=1.4$;另外,广州 SA 雷达还利用雨量计进行了最优化订正,12∶00—14∶00 BT 最优化法 A 分别取 23、30、4.0,b 分别取 2.0、2.0、2.5。各种偏振参量的降水估测采用刘黎平等(2002)数值模拟得到的公式,估测的小时雨量采用每一个体扫分别估测,再根据体扫时间换算相加:

$$I_{DK} = 35.71Z_{DR}^{-0.465}K_{DP}^{0.942} \tag{8.11}$$

$$I_{DR} = 0.01013Z_H^{0.885}Z_{DR}^{-1.485} \tag{8.12}$$

$$I_{DP} = 28.76K_{DP}^{0.779} \tag{8.13}$$

其中 Z_H,Z_{DR} 采用系统误差订正及衰减订正后的数据。同时,为了对 K_{DP} 较小或者是负值时进行降水估测,还定义了一种 I_{HK} 方法如下:

$$I_{HK} = \begin{cases} I_H & K_{DP} < 0.2 \\ I_{DP} & K_{DP} \geqslant 0.2 \end{cases} \tag{8.14}$$

估测相对误差为：$E_{rr} = \dfrac{|R_G - R_Q|}{R_G} \times 100\%$，统计不同雨强下所有雨量计的平均相对误差如表 8.1 所示，11:00—14:00 BT 共 4 个时次（最优法为 12:00—14:00 BT 三个时次）相加后，不同方法得到的估测值与雨量计实测值的散点图如图 8.14 所示：

表 8.1　各种方法降水估测在不同雨强下的误差(%)

时次	雨量计	SAstd	SAopt	I_H	I_{DR}	I_{DK}	I_{DP}	I_{HK}
11:00	92	43.56		63.48	55.18	78.85	72.12	80.58
12:00	93	49.00	63.54	55.38	34.99	46.56	46.89	44.63
13:00	92	40.31	39.62	64.77	48.76	53.82	48.84	48.63
14:00	90	41.48	64.13	58.20	48.54	49.50	44.47	38.82
平均		43.59	55.76	60.21	48.12	56.93	52.83	53.16
≥5 mm								
11:00	70	28.42		66.48	52.42	49.55	43.48	62.15
12:00	63	26.89	32.55	62.12	35.49	35.96	32.71	35.39
13:00	87	32.81	31.27	65.02	48.03	43.75	38.92	38.27
14:00	52	43.63	41.49	62.66	49.38	44.20	40.83	38.66
平均		32.69	35.10	64.07	46.08	43.37	38.74	43.37
≥10 mm								
11:00	26	35.42		73.54	64.19	32.30	28.93	45.64
12:00	26	32.40	23.63	68.13	44.77	25.51	22.62	22.09
13:00	55	35.63	33.62	66.80	48.77	36.95	31.16	31.02
14:00	36	41.91	26.33	68.38	50.35	26.14	21.99	23.65
平均		36.34	28.86	69.21	51.77	30.23	25.92	30.60
≥15 mm								
11:00	17	41.91	32.93	72.83	66.78	30.35	28.51	40.47
12:00	14	36.02	25.28	72.65	54.01	18.96	16.59	16.36
13:00	31	40.71	39.12	66.73	46.22	34.18	26.76	28.75
14:00	32	42.10	25.67	68.90	48.94	25.67	21.49	23.69
平均		40.19	30.02	70.03	53.99	28.04	23.09	28.07

由表 8.1 可以看出，当不区分雨强，对所有的雨量计误差平均后，SA 雷达标准估测公式的误差最小，利用偏振量 Z_H，Z_{DR} 的误差次之，而利用其他偏振参量，以及经过最优化调整后的估测误差都较大。随着雨强增加，多数估测方法的精度都增加，而 I_H，I_{DR} 方法反而减小，说明 C 波段经过大雨区的衰减比较大，虽然经过订正，仍然对数据精度有影响。而采用 K_{DP} 的估测精度随着雨强增加，迅速增加，当雨强大于 10 mm 时，比经过最优化订正后的估测精度还要高，说明了 K_{DP} 对大雨有较好的估测效果。

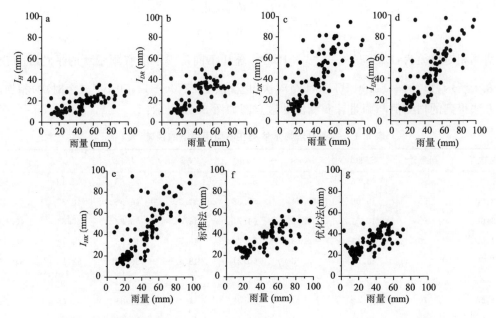

图 8.14　不同方法估测值与雨量计实测值值散点图 I_H 法(a),I_{DR} 法(b),I_{DK} 法(c),I_{DP} 法 (d),I_{HK} 法(e),SA 雷达标准法(f),SA 雷达最优化法(g)

由图 8.14(a)、(f)、(g)可以看出,根据标准的 $Z\text{-}R$ 关系,利用 C 波段偏振雷达 Z_H 值,计算 得到的雨量值明显偏小;另一方面,SA 雷达 I_H 法测雨值也偏小,但是略好于 C 波段的估测结 果,这说明虽然经过衰减订正,但是利用 Z_H 值估测降雨仍然偏小。经过雨量计最优化调整 后,雷达测雨估测结果与雨量计总体相对误差有所改善,估测降雨值仍然略偏小。I_{DR} 法估测 结果略好于 I_H 法;I_{DK}、I_{DP}、I_{HK} 方法的结果明显好于其他方法,其中 I_{DK} 方法结合了 Z_{DR} 与 K_{DP} 两个偏振量,从理论上讲,应该是相对误差最小。但是,由于 Z_{DR} 本身的系统误差与衰减订 正尚不令人满意,降低了其测雨精度,故反而要差于仅仅用 K_{DP} 或者是结合 K_{DP}、Z_H 的两个方 法的测雨结果。

8.4.2　2008 年 8 月 22—23 日台风暴雨过程

2008 年第 12 号台风鹦鹉于 8 月 22 日 16:55 在香港、西贡沿海登陆,同日 22:10 BT 在广 东省中山市南蓢镇再次登陆。23 日上午减弱为热带低气压。当时 C 波段偏振雷达在广东珠 海观象台外场,从台风形成到完全减弱消失,除了一次小故障并及时排除外,从 8 月 21 日 17:03 BT 至 24 日 12:56 BT,用双偏振双 PRF 模式,连续观测取得了 724 个体扫资料。特别 是为了雷达系统校正,还取得了 4 次垂直指向,5 次 RHI 资料。图 8.15 为 2008 年 8 月 22 日 14:00 BT—23 日 18:00 BT 上川岛站(站号:59673,21.73°N,112.77°E)SA 雷达测雨和地面雨 量站实测降雨量以及偏振雷达用各种方法估测降水值的连线图。图 8.16 为相应时间段的 Z_H、Z_{DR}、K_{DP} 时间高度剖面图。表 8.2 为用各种方法估测降水在不同雨强下的相对误差。从 图 8.12 及表 8.2 可以看出,利用 K_{DP} 对中雨以上的估测效果,明显好于利用其他偏振参量的 估测结果。

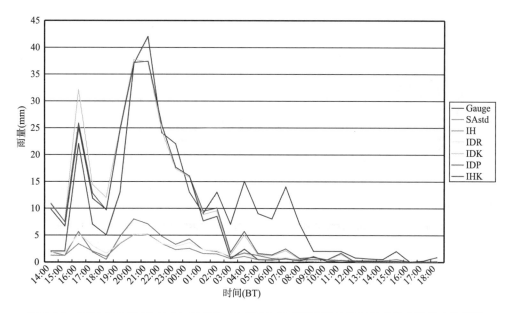

图 8.15　2008 年 8 月 22 日 14∶00 BT—23 日 18∶00 BT 雨量计实测及各种方法降水估测值

表 8.2　各种方法降水估测在不同雨强下的相对误差(%)

雨强(mm)	出现时次	SAstd	I_H	I_{DR}	I_{DK}	I_{DP}	I_{HK}
≥0	28	75.61	83.96	79.06	88.40	82.50	82.32
≥5	17	82.41	86.95	83.02	56.65	49.88	54.97
≥10	10	80.17	86.63	83.74	38.22	33.68	38.90
≥15	6	81.76	88.91	85.50	24.78	19.50	22.56

　　对比图 8.12—8.15,可以明显看出,降水量强度较大时,Z_H、Z_{DR} 两种方法测雨误差均较大,特别是在 C 波段影响更大,故采用 K_{DP} 方法测雨还是很有应用潜力的;另一方面,要注意到当降水强度小于 5 mm 时,K_{DP} 的值基本上不可用。

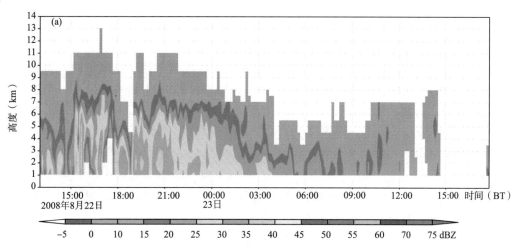

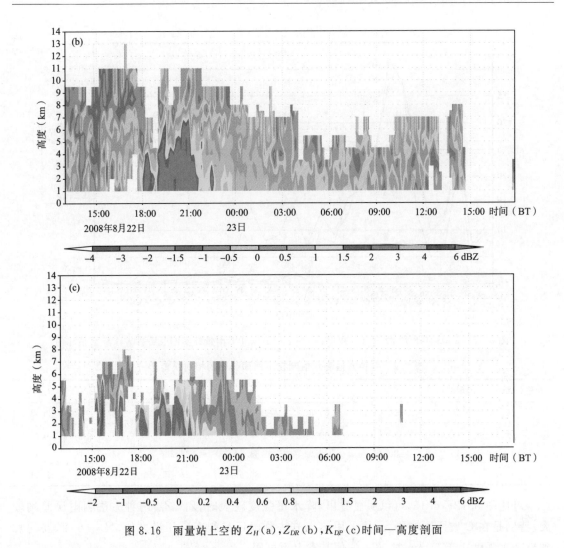

图 8.16　雨量站上空的 Z_H(a)，Z_{DR}(b)，K_{DP}(c)时间—高度剖面

8.5　滴谱分布反演

Seliga 和 Bringi（1976，1978）利用雷达反射率及差分反射率因子反演了两个参数的滴谱（DSD）指数分布，即数密度及雨滴平均直径，随后，Ulbrich（1983）研究给出了一个经典三参数 DSD 的 Γ 分布形式：

$$N(D) = N_0 D^\mu \exp(-\Lambda D) \qquad (8.15)$$

其中，N_0（单位：$mm^{-1} \cdot m^{-3}$）为数密度，μ 为分布形状，Λ（mm^{-1}）为斜率系数，D（mm）为等效雨滴直径。

Gorgucci 等（2001）令这三个参数的变化范围取为：$-1 < \mu < 5$，$10^3 \ mm^{-1} \cdot m^{-3} < N < 10^5$，$0.5 \ mm < D < 3.5 \ mm$，拟合出谱分布的几个参数：

$$N_T = 2.085 Z_H \times 10^{(0.728 Z_{DR}^2 - 2.066 Z_{DR})} \qquad (8.16)$$

$$D_0 = 0.171 Z_{DR}^3 - 0.725 Z_{DR}^2 + 1.479 Z_{DR} + 0.717 \qquad (8.17)$$

　　图 8.17 给出了 2008 年 7 月 17 日安徽寿县的一次飑线过程中雨滴谱的数密度及平均直径分布图。人们早已注意到了强降水的发生与雨滴谱的数密度及平均直径有着密切的关系。

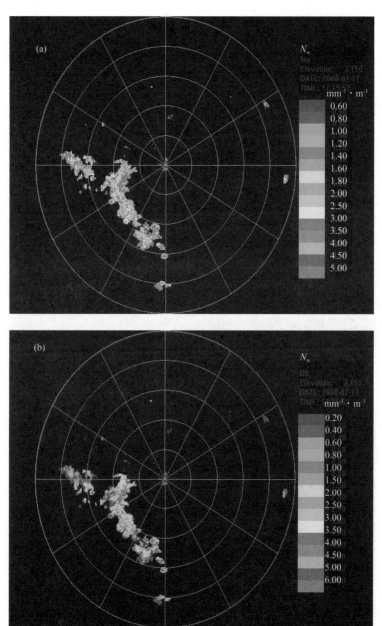

图 8.17　2008 年 7 月 17 日安徽寿县的一次飑线过程谱的数密度
(a)及平均直径(b)分布

8.6　利用偏振参量进行地物识别

Ryzhkov 等(1998)经过大量观测统计,得到地物杂波的相关系数普遍在 $0.4\sim0.7$,而降水回波的相关系数大多数大于 0.8(冰雹或融化层区域例外),其平均值在 $0.9\sim0.95$。为此,选择相关系数 ρ_{HV} 小于某一阈值的点,并结合雷达的信号噪声比(R_{SN})、径向速度、速度谱宽等参量,应用模糊逻辑法,就可以进行地物杂波识别。

采用不对称的梯形(T)函数作为隶属函数的基本形式,T 函数的表达式为

$$T(x,X_1,X_2,X_3,X_4)=\begin{cases} 0 & x<X_1 \\[2mm] \dfrac{x-X_1}{X_2-X_1} & X_1\leqslant x<X_2 \\[2mm] 1 & X_2\leqslant x<X_3 \\[2mm] \dfrac{X_4-x}{X_4-X_3} & X_3\leqslant x<X_4 \\[2mm] 0 & x\geqslant X_4 \end{cases} \tag{8.18}$$

其中,X_1 为 T 函数左起始点值,X_4 为 T 函数的右结束点值。X_2 及 X_3 则是界于 X_1 和 X_4 的 T 函数的两区间点。

设定各个参数隶属函数的 X_1—X_4 值,并将所有的 T 值加权求和,再设定 T_{sum} 的某一阈值,大于该阈值的,则认为是地物并进行剔除。

$$T_{sum}=\sum_{i=1}^{M}W_iT_i \tag{8.19}$$

图 8.18 为 2009 年 8 月 5 日 23:57 BT 在广东珠海探测时,0.5°仰角上的地物识别,对比识别前后的图像可以看出识别效果还是很令人满意的。

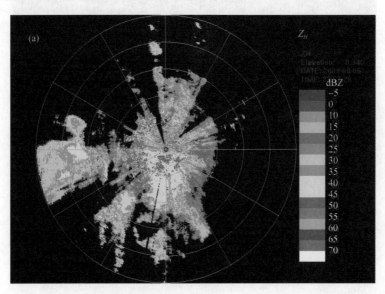

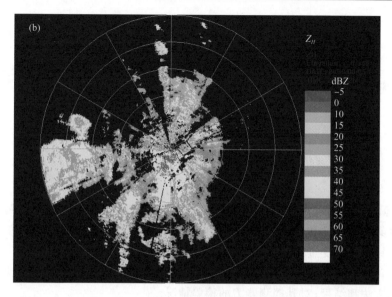

图 8.18　2009 年 8 月 5 日 23:57 BT 在广东珠海,0.5°仰角上的地物识别

(a. 原始观测;b. 剔除地物)

第9章　毫米波测云雷达的系统定标和探测能力研究

2006年起,中国气象科学研究院灾害天气国家重点实验室与中国航天二院电子第23研究所联合研发具有多普勒和偏振功能的Ka波段毫米波测云雷达,并于2008年5—9月在广东东莞进行了针对云演变过程的试验性观测。随后,又于2009年在珠海进行了科学实验的强化观测。本章首先介绍了该毫米波测云雷达的系统组成、硬件参数以及技术特点;重点阐述了该雷达的定标方法和结果;对其探测能力的检验情况。

9.1　毫米波测云雷达(HMBQ)系统参数

9.1.1　系统组成

该毫米波测云雷达为Ka波段(8 mm波长),采用全相参和偏振体制,以行波管作为发射机功率源,整机搭载在机动平台上,对云和弱降水进行三维探测。系统应用信号相干积累、脉冲压缩等新技术,提高了雷达对云等弥散弱目标物的探测能力,具有较高的灵敏度与空间分辨率,机动性能好。雷达主要探测参数为云和弱降水系统的回波强度、径向速度、速度谱宽和退偏振因子。根据不同科学研究的目的,雷达可采用不同的分辨率。该雷达在固定观测时,可进行定向、环扫、体扫等多种方式的扫描。

系统由天馈系统、发射机、接收机与频综、信号处理、天线控制、数据处理与显示控制、载车及附属设备等七部分组成,其简化框图如图9.1所示。

由频率综合器产生的8 mm波长射频信号经放大送入发射机,推动行波器放大、经极化选择开关选择极化方向,再由天馈系统向外发射。天线采用了高增益的抛物面天线,具有较为一致的垂直与水平波瓣性能,发射机背附在天线反射体上以减少天馈系统的损耗。

返回信号由同一天线接收,经由天馈系统送入双路接收机、分别接收垂直或者水平偏振信号。接收信号经射频放大、变频成60 MHz中频信号,送入信号处理器。信号进入信号处理器后,进行A/D转换、解压、信号积累,然后采用FFT或者PPP方式对信号的谱参数进行估算以及偏振参数的处理,得到回波强度、径向速度、谱宽及偏振信息。最终,数据处理与显示控制分机对信号处理器送来的气象目标回波的数据进行采集、处理,并在终端显示器上显示各种气象产品;进行雷达全机的监测和控制。

9.1.2　硬件参数

表9.1是毫米波测云雷达的主要硬件参数:雷达的工作频率为33.44 GHz,最大探测距离

为 30 km,峰值功率 600 W,脉冲宽度有 0.3 μs、1.5 μs、20 μs 和 40 μs 四种。

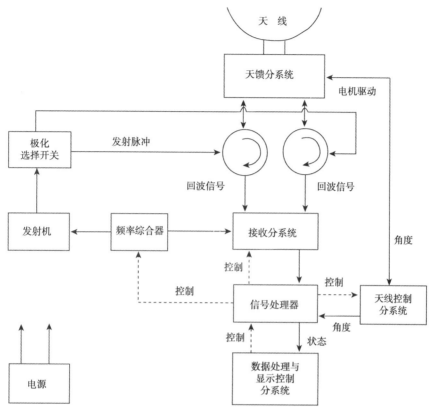

图 9.1　毫米波测云雷达系统简化框图

表 9.1　多普勒/偏振毫米波测云雷达系统主要指标

子系统	项目	规格
天线	直径	1.3 m
	增益	50 dB
	波束宽度	0.44°
	第一旁瓣电平	<−30 dB
	隔离度	优于 33 dB
发射机	波长/频率	8.6 mm/33.44 GHz
	峰值功率	600 W
	脉冲宽度	0.3、1.5、20、40 μs
	脉冲重复频率	2500,5000 Hz
接收机	工作模式	发射水平偏振波,接收水平和垂直偏振波
	灵敏度	≤−98.4 dBm
	噪声系数	≤5.6 dB
	动态范围	70.0 dB
资料处理系统	距离库数	500
	库长	30 m 或 60 m
	观测量	Z_H、V_r、S_w、L_{DR}
	信号处理方式	FFT、PPP
	FFT 点数	128、256、512

9.1.3　主要技术特点

（1）全相参技术

毫米波测云雷达采用了频综行波管变频的全相参技术，对返回信号的处理采用FFT谱分析方法或脉冲对处理方法PPP来估算谱参数。采用FFT或PPP主要是对信号进行相干积累，提高了返回信号的信噪比，从而提高了对弱信号的探测能力。FFT处理的信号检测增益，与信号的相关时间、雷达发射脉冲间隔时间有关，毫米波测云雷达脉冲对间隔时间为0.02 ms，而降水返回信号的相关时间一般在5 ms左右，实际返回信号相关时间可延长一些，此技术可以提高雷达探测灵敏度约13 dB。

（2）脉冲压缩技术

从雷达气象方程可以看到返回信号功率与发射功率以及雷达发射雷达波的脉宽成正比。较宽的脉宽提高了返回信号的功率，但却降低了返回信号的距离分辨率；脉冲压缩则是一种用于在宽脉冲发射时提高距离分辨率的技术。毫米波测云雷达发射脉冲宽度可达20 μs或者40 μs，而脉冲压缩比为200；对返回解压信号的距离分辨率达到了15 m（相当于0.1 μs）。毫米波测云雷达采用脉冲压缩技术后，相对于0.1 μs窄脉冲发射时提高雷达探测能力约23 dB。脉冲压缩技术带来的问题是近距离盲区增加，在20 μs脉冲宽度发射时的近距离盲区约为3 km，这对主要探测高云的毫米波雷达影响不大，但在探测较低的云时，就不能采用宽脉冲发射了。

（3）双线偏振技术

雷达采用单路发射、双路接收的体制，发射水平或垂直线偏振波，同时分别接收返回信号的垂直和水平偏振的分量。由雷达接收目标后向散射功率的垂直和水平的分量，计算返回信号的退偏振因子L_{DR}。退偏振因子与目标粒子的形状、大小、取向和介电常数有关，可以通过对L_{DR}的分析，研究用雷达获取粒子相态和形状方面的信息。

9.2　毫米波测云雷达的定标

下面介绍雷达的天线系统、发射机系统、接收机系统的特点和定标的方法和结果。重点检验了雷达回波功率的动态范围的定标，以及雷达测量参数的定标结果。

9.2.1　天线系统

毫米波测云雷达的天线极化方式是线性水平极化，体制是单发双收的偏振体制。天线采用直径为1.3 m的抛物面天线；水平和垂直两个通道及两个支架的对称分布，以保证天线辐射特性在水平、垂直两种偏振状态发射时的对称性和一致性，水平和垂直偏振发射时的天线增益差应小于1 dB。发射机和接收机放在天线背后，保证了雷达波从发射机到天线及其接收的雷达回波从天线到接收机过程的损耗最小，毫米波气象雷达收、发支路馈线的总损耗（含连接波导处损耗）为水平通道3.9 dB，垂直通道2.7 dB。同时，这种设计还保证了水平和垂直两个通道的隔离度达到33 dB，基本满足了退偏振因子的探测精度要求。

对于天线的检测采用了远场测试。在远场条件下，天线测试仪距被测天线的距离应满足$R \geqslant \dfrac{2D^2}{\lambda}$，即可使用天线测试仪测量天线诸参数，表9.2给出了检测结果。

表 9.2　天馈分系统性能测试参数记录

项目名称	备注
工作频率	33.44 GHz
反射面口径	1.30 m
波束宽度	0.44°±0.01°
增益	≥51.60 dB
第一旁瓣电平	≤−30.00 dB
极化方式	水平极化、垂直极化
交叉极化隔离度	≥33.00 dB
水平、垂直偏振一致性	≤1.00 dB(水平和垂直极化增益一致性)
馈线损耗	≤3.90 dB(水平通道)
	≤2.70 dB(垂直通道)

9.2.2　发射机脉冲功率定标

雷达的脉冲功率是通过直接测量脉冲重复周期内的平均发射功率和占空比计算得到的，脉冲功率与平均功率有如下关系：

$$P_t = \overline{P_t} \Big/ \left(\frac{\tau}{T} \right) \tag{9.1}$$

$\overline{P_t}$ 为平均发射功率，τ 为脉冲宽度，T 为脉冲间隔时间。图 9.2 为发射功率测试框图，发射机行波管输出信号经过波导定向耦合器、固定衰减器送入功率计，由功率计测量的值经过定向耦合器的损耗和固定衰减的损耗订正，得出发射机的平均发射功率 $\overline{P_t}$，τ 和 T 则由测量示波器从测试的发射波形中得出。测量得到毫米波测云雷达的发射功率为 600 W。

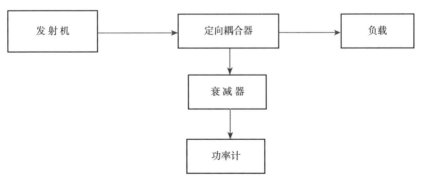

图 9.2　发射功率测试框图

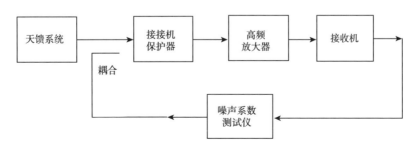

图 9.3　噪声系数测试框图

9.2.3　接收机系统(含信号处理器)

(1)噪声系数的测量

毫米波测云雷达有两路接收机,分别接收水平和垂直偏振雷达回波信号,用噪声系数测试仪分别测量水平和垂直极化接收通道的噪声系数(图 9.3),得到水平通道、垂直通道的噪声系数分别为 5.6 和 4.9 dB。根据接收机系统噪声系数 F、接收机中频输出带宽 B,接收机的最小可测功率 $P_r = KTBF$。据此,得到接收机垂直和水平通道的灵敏度分别为 -98.4 dBm 和 -99.1 dBm。

(2)测量动态范围及定标

进行定量估测返回信号强度的雷达系统要求接收机的动态范围大,在其测量范围内接收机输入功率和输出功率呈线性关系,高端和低端的偏差应小于 1 dB,毫米波测云雷达的线性动态范围要求为 70 dB。

图 9.4(a)是测试接收机动态范围的框图。此时雷达采用 FFT 处理,发射脉冲宽度为 $20\mu s$,信号采样数为 256。毫米波测云雷达采用相干积累技术提高探测能力,运用外接信号源方法满足外接信号和系统相干的条件,对其动态范围进行准确的测量。毫米波测云雷达系统

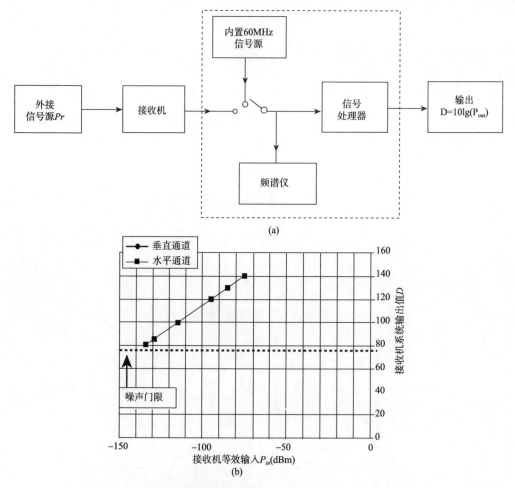

图 9.4　接收机线性动态范围测试框图(a)、基准接
收系统输入输出关系图(b)

设有机内测量信号源,输出的信号与雷达接收系统是相干的。测量中先用外接信号源输入信号,在接收机中频端用频谱仪测量该点的中频输出功率;然后转换为机内相干信号源,用外接信号源的输入功率来对机内相干信号源进行定标。在对机内信号源定标后,用机内信号测量接收机系统的动态范围。

图 9.4(b)是水平通道和垂直通道的测量结果。D 为信号处理器输出值。它为信号谱零阶矩(信号功率)估算值(P_{out})的量化表示($D=10\lg P_{out}$)。从图中可以看出:(1)接收机系统输出值 D 与接收机系统等效输入值 P_{in}(dBm)的关系呈线性关系,斜率为 0.99,可表示为,$P_{in}=0.99\cdot D-214.7$;(2)两通道的动态范围均为 72 dB;(3)经过相干积累后,系统的最小可测功率约为 -128 dBm,最小可测功率降低了近 30 dB,基本达到了系统设计的要求。

(3)几种发射—处理模式的定标

图 9.4(b)给出的是 FFT 处理方式、脉冲宽度 20 μs、累计脉冲数为 256 对的基准条件下,接收机输入输出关系的定标结果。雷达的脉冲宽度有 4 个选择:0.3、1.5、20 和 40 μs;信号处理采样数分为 128、256 和 512 三种。其中前两个窄脉冲主要用于近距离云的垂直探测,最小不可探测距离满足对低层含水云的探测要求,宽脉冲主要用于远距离云的 PPI 扫描观测和高层的冰云观测。

表 9.3 是其他发射—处理模式下,相对基准的偏移值($P=P_{标准}+\Delta$,其中 $P_{标准}$ 是基准条件下的输出功率,Δ 是其他模式相对于基准模式的偏移值)。从测试结果可以看出:无论是 FFT 还是 PPP 处理方法,每增加 1 倍的脉冲对数,输出信号均增加 5~6 dB。另外,距离压缩可以明显增加信号的输出功率,20 μs 的脉冲宽度的输出功率比 1.5 μs 的脉冲宽度平均增加 18 dB。

表 9.3　不同观测模式下相对基准的平均偏移值

处理方式	发射脉宽(μs)	脉冲数	偏移值 Δ(dB)		偏移误差(dB)
			理论值	实测值	
FFT	0.3	128	-24.2	-25.2	$\leqslant 1$
	0.3	256	-18.2	-19.1	$\leqslant 1$
	0.3	512	-12.2	-13.1	$\leqslant 1$
	1.5	128	-17.2	$-25.2*$	$\leqslant 1$
	1.5	256	-11.2	$-19.1*$	$\leqslant 1$
	1.5	512	-5.2	$-13.0*$	$\leqslant 1$
	20.0	128	-6.0	-5.5	$\leqslant 1$
	20.0	512	6.0	6.5	$\leqslant 1$
PPP	0.3	128	-24.2	-25.6	$\leqslant 1$
	0.3	256	-18.2	-19.1	$\leqslant 1$
	0.3	512	-12.2	-13.1	$\leqslant 1$
	1.5	128	-17.2	$-25.2*$	$\leqslant 1$
	1.5	256	-11.2	$-19.1*$	$\leqslant 1$
	1.5	512	-5.2	$-13.1*$	$\leqslant 1$
	20.0	128	-6.0	-5.8	$\leqslant 1$
	20.0	256	0.0	-0.5	$\leqslant 1$
	20.0	512	6.0	6.5	$\leqslant 1$

（4）双通道的检验

毫米波测云雷达有双通道接收机，分别接收水平和垂直偏振雷达回波信号，图9.5给出了水平、垂直通道的动态范围和两个通道输出功率的差。其中，右侧的纵坐标表示通道差。两路接收机的最大误差不超过±1.0 dB，两个通道的动态范围均达到了70 dB，满足雷达对弱高云、强的中低云及弱降水的探测要求。

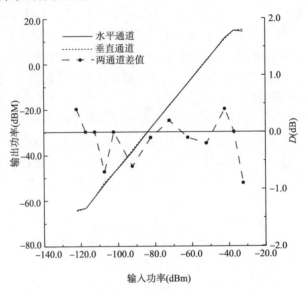

图9.5　水平通道（H）、垂直通道（V）动态范围检验结果
D表示水平通道和垂直通道的差值

9.2.4　雷达探测基本参量的定标

（1）强度测量定标

根据雷达气象方程可知，雷达回波功率的大小取决于很多参数，而各参数的测量都会有误差存在，从而影响回波功率的大小。因此，雷达反射率因子也需要定标后才能用于研究。

采用机内测试信号，变化输入测试信号幅度，测试不同接收通道、不同信号处理方式、不同脉冲数时的信号处理器输出结果，分析接收系统（含接收机分机与信号处理器）的输入输出特性。测试结果表明接收系统线性度好，并且信号幅度定标精度不超过±3 dB。

（2）速度测量定标

采用对机内测试信号变化注入信号频率的方法，实现径向速度测量的定标。经过对不同速度测量值定标进行检查，得到测量值和理论估算值的最大差值为0.5 m/s，符合不大于±1 m/s的技术指标要求。按最大脉冲重复频率5000 s^{-1}计算，该雷达最大不模糊速度为10.0 m/s。图9.6给出了径向速度定标结果。

（3）速度谱宽定标

雷达测得的速度谱宽和信号的质量有关，利用机内信号源模拟不同信噪比条件下的各种谱宽的信号，输入雷达接收机，将雷达谱宽估算值与模拟设置的谱宽值比较。经过对18组不同信噪比条件下的谱宽进行比较，估算值与设置值的最大差值为0.8 m/s。因此，毫米波测云雷达估算速度谱宽的精度是比较高的。

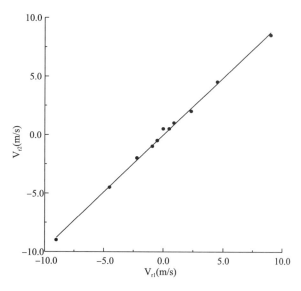

图 9.6 毫米波雷达径向速度定标结果

（4）退偏振因子定标

雷达采用单发双收的偏振体制，发射水平偏振波，同时接收水平、垂直偏振信号，分别测到返回信号的反射率因子为 Z_{HH}、Z_{HV}，并从之导出退偏振因子：$L_{DR} = 10\lg(Z_{HV}/Z_{HH})$。因此，对 L_{DR} 的定标实际上就是对接收机垂直和水平通道回波强度测量的定标。由图 9.5 可以看出，由于两个通道的差异而产生的 L_{DR} 的测量误差不会超过 2 dB。

9.2.5 近距离盲区定标

脉冲压缩技术固然能提高雷达探测灵敏度，但也会导致近距离盲区范围的扩大。对于不同的脉冲宽度，该雷达探测盲区范围定标如下表 9.4。由此可以看出，对于探测中高云，盲区带来的影响不是很大。但是在探测低云时，盲区会导致我们不能探测到云的底部结构，这是雷达采用脉冲压缩技术带来的弊端。

表 9.4　不同脉冲宽度模式下的探测盲区

脉冲宽度（μs）	近距离盲区脉冲宽度（μs）	近距盲区范围（m）
0.3	4.0	600
1.5	13.7	2055
20.0	22.9	3435

9.3 毫米波测云雷达实际探测能力的分析和检验

9.3.1 理论计算雷达探测能力

我们根据雷达气象方程和实际测试结果，来分析毫米波雷达的探测能力。考虑到馈线系统收、发损耗，从雷达气象方程可以推导出回波强度的计算公式：

$$Z=10\lg\frac{1024\times\ln2}{|K|^2\cdot\pi^3}+10\lg\lambda^2+10\lg P_r+10\lg R^2-10\lg P_t-10\lg c\tau-10\lg\theta\phi-2G+L_\Sigma+L_p+150$$

$$(9.2)$$

其中：Z(dBZ)为回波强度，λ(mm)为波长、g(dB)为天线的增益，P_t(kW)为发射脉冲峰值功率，τ(μs)为脉宽，L_Σ(dB)为馈线系统收、发损耗，L_p(dB)为匹配滤波器损耗，θ(°)为水平方向的波束宽度、ϕ(°)为垂直方向的波束宽度、R(km)为距离，P_r(dBm)为回波功率。方程右侧的150是因为将功率、波长、距离等从国际标准单位转化为雷达气象常用单位而产生的。在(9.2)式中，

$$|K|^2=\frac{|m^2-1|^2}{|m^2+1|}$$

$$(9.3)$$

其中，m为冰或水粒子的复折射指数，在不同温度下、波长 8.6 mm 的电磁波对于冰和水相应的 $|K|^2$ 值见表9.5：

表 9.5　Ka 波段不同相态和温度条件下的 $|K|^2$

水粒子		冰粒子	
温度(℃)	$\|K\|^2$	温度(℃)	$\|K\|^2$
0	0.870	0	0.20
10	0.90	−10	0.176
20	0.93	−20	0.176

在对雷达系统诸技术参数进行测试定标的基础上(表9.2)，现在就可以从雷达气象方程直接计算得到在不同距离处、不同脉冲宽度时，测量水云和冰云的最小回波强度 Z_{min}（表9.6）。这里应该指出的是，表9.6中给出的最小探测回波强度，并没有考虑距离压缩和脉冲相关积累的贡献。

表 9.6　据定标参数计算毫米波雷达的探测能力

探测距离(km)	粒子相态	脉冲宽度(μs)	Z_{min}(dBZ)	脉冲宽度(μs)	Z_{min}(dBZ)
$(R)=1$	云水	0.3	−45.7	1.5	−51.3
	云冰	0.3	−37.5	1.5	−44.1
$(R)=10$	云水	0.3	−25.7	1.5	−31.3
	云冰	0.3	−17.5	1.5	−24.1

9.3.2　雷达探测能力检验

该雷达于 2008 年 5—8 月安置在广东省东莞市气象局（22.97°N, 113.74°E；海拔高度 50 m）进行外场试验，雷达附近布有地面观测气象站。我们结合地面观测站的资料，将 5～8 月广州新一代多普勒天气雷达探测与毫米波测云雷达探测同时探测的结果进行了对比。首先用广州、深圳两部 SA 雷达探测的回波强度数据进行了三维拼图，然后求出毫米波观测位置上空新一代天气雷达得到的回波强度的垂直结构，从而比较这两部雷达探测到的最强和最弱回波，以此来检验毫米波测云雷达的探测能力。

表 9.7 列出了毫米波雷达与 SA 雷达同时观测同一区域的经选择的 24 组数据。从中可以看出这两部雷达分别探测得到的最强、最弱回波以及相应回波在毫米波雷达上探测的高度。

根据天气实况以及两部雷达观测结果的差别,可以区分为 3 种情况:(1)地面无降水、云底高度较低时,两部雷达探测得到的最大反射率因子强度 Z_{max} 基本一致,平均误差不到 1 dBZ。这说明毫米波测云雷达定标与业务应用的多普勒天气雷达定标方法基本相同,已经得出的 HMBQ 测试定标的回波参数可用。特别是,毫米波测云雷达性能良好、能够探测到更弱的回波;(2)地面有毛毛雨,云顶高度不超过 5 km,毫米波雷达测得的最强回波值比 SA 雷达测得的结果小约 1~2 dBZ,这是因为毫米波经过近地面弱降水时的衰减所致;(3)地面出现较强降水、云体内部发展较强、云顶高度很高时,毫米电磁波同时受近地面降水和云内液态水的双重衰减,使得这两部雷达测得的最强回波强度值相差 3~4 dBZ。

表 9.7　广州 SA 雷达与毫米波测云雷达观测资料对比

序号	Z_{max}(dBZ)		Z_{min}(dBZ)		地面站资料	
	SA	HMBQ(高度(km))	SA	HMBQ(高度(km))	云状	地面降水
1	11	10(5.2)	0	−35(1.4)	积雨云	毛毛雨
2	—	−17(6.1)	—	−40(1.2)	高、低层云	无
3	−9	−9(7.0)	−15	−40(1.5)	高层云+淡积云	无
4	—	−27(1.8)	—	−38(0.8)	淡积云	无
5	—	−30(1.4)	—	−40(1.2)	碎积云	无
6	—	−25(2.5)	—	−34(2.7)	淡积云	无
7	−3	−3(2.8)	−10	−40(0.6)	层积云	无
8	—	−35(1.4)	—	−40(1.0)	低层云	无
9	—	−30(2.0)	—	−35(2.3)	淡积云	无
10	−5	−7(5.8)	−10	−36(1.4)	高积云	毛毛雨
11	−13	−15(1.2)	−15	−40(0.8)	层积云	小雨
12	—	−29(2.6)	—	−40(1.9)	低层云	无
13	11	9(2.5)	−5	−35(2.8)	雨层云	小雨
14	−10	−10(4.5)	−10	−38(2.5)	层积云	无
15	−5	−6(8.8)	−10	−27(3.2)	高层云	小雨
16	26	23(6.0)	−5	−21(6.5)	积雨云	小雨(台风云系)
17	5	5(0.9)	0	−35(1.6)	积雨云	无
18	0	−3(6.9)	−10	−24(7.8)	高层云	雷阵雨前
19	—	−17(4.2)	—	−24(4.5)	层云	无
20	—	−19(2.7)	—	−36(2.3)	淡积云+层积云	无
21	−3	−3(1.2)	−5	−27(4.4)	雨层云	无
22	—	−28(1.1)	—	−40(1.2)	碎积云	无
23	−3	−3(2.0)	−5	−38(1.5)	层积云	无
24	−13	−13(1.6)	−15	−34(1.8)	雨层云	无

注:表中“—”表示雷达未观测到云回波。

9.4　观测实例分析

下面给出几种不同云状的雷达回波强度图。其观测方式主要为：中低云采用窄脉冲 (1.5 μs)、高云采用宽脉冲(20 μs)和 FFT 平均对数为 256 的垂直向上观测模式，资料的垂直分辨率为 30 m，时间分辨率为 0.8 s。从图中可以看到雷达可以探测到弱云的最小强度为 -40 dBZ，这与前面理论估测的灵敏度很吻合。

表 9.8　东莞市国家气象观测站(植物园点)和毫米波测云雷达观测资料

日期	地面站观测信息	新一代毫米波测云雷达(HMBQ)观测结果			
2008 年	云状	云顶高(km)	云厚(km)	Z_{max}(dBZ)	Z_{min}(dBZ)
6 月 4 日	Sc cug	4.0	0.9	-18	-40
6 月 5 日	Sc cug/ Cu hum/ Fc	7.8	1.8	-13	-20
8 月 17 日	Cu hum/ Ci dens/ Fc	2.5	1.2	-22	-40
8 月 22 日	Ci dens/ Sc cug	10.2	8.2	-23	-35
8 月 23 日	Sc cug	5.1	1.5	0	-35

表 9.8 给出了东莞市植物园观测站 2008 年 5—8 月抽取的 5 次云状资料以及相应的毫米波测云雷达分别在 6 月 4、5 日、8 月 17，22 和 23 日共 5 次针对不同类型的云观测资料。其中云状代码分别为：Sc cug 层积云、Cu hum 卷积云、Ac tra 高积云、Fc 碎积云、Ci dens 密卷云、Cb cap 积雨云。图 9.7 和图 9.8 是毫米波测云雷达探测得到的回波强度图。

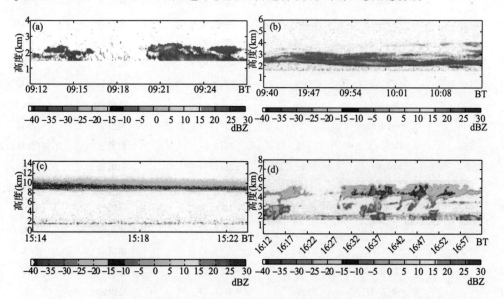

图 9.7　2008 年 8 月 17 日 09:12—09:26 BT(北京时，以下同))观测到的淡积云、层积云混合(a)、2008 年 6 月 4 日 09:40—10:15 BT 观测到的低层云(b)、2008 年 6 月 5 日 15:14—15:21 BT 观测到的高层云(c)和 2008 年 8 月 22 日 16:12—17:00 BT 观测到的层积云(d)的雷达回波强度高度分布—时间演变

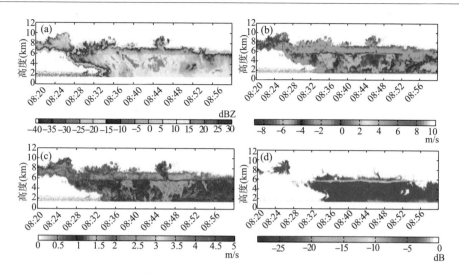

图 9.8　2008 年 8 月 22 日 08:20—09:56 BT 观测的台风外围云系的雷达回波
强度(a)、速度(b)、谱宽(c)和退偏振因子(d)的高度分布—时间演变

图 9.7(a)是 2008 年 8 月 17 号上午 09:12—09:26 BT 雷达观测的反射率因子强度图。由图中可以看到两块云体。左边一块是淡积云,强度范围在 -40— -30 dBZ,右边是一块层积云,强度在 -40— -22 dBZ。由于云底高度在雷达探测盲区以内,因此不能辨别出距离地面 1.5 km 以下云底部的状态,但是可以看到云顶部发展不平整,此次雷达探测到的最大反射率因子强度为 -22 dBZ。

图 9.7(b)是 2008 年 6 月 4 日上午 09:40—10:15 BT 共 35 分雷达观测的反射率因子强度图。云底高度在 1.8 km 左右,云层厚度约 900 m,云内粒子的平均回波强度在 -25 dBZ,最大值为 -18 dBZ,最小值为 -40 dBZ,云的顶部和底部发展均匀,符合层云的特征。10:00 左右,可以明显看到空中云层逐渐演变为 3 层,云体的平均回波强度仍然较弱,为 -35 dBZ 左右,上层云体密度较稀。

图 9.7(c)是 2008 年 6 月 5 日下午 15:14—15:21 BT 雷达观测的反射率因子强度图。与先前的两幅图明显不同的是,云底高度超过 8 km,云层厚度仅仅大约 2 km,粒子反射率强度分布均匀,中间一条云带相对边缘较强,达到 -13 dBZ。云内最小强度为 -20 dBZ。这是一次高层云的降水天气过程,云层顶、底部发展非常平整,本次探测不久后,便开始下雨。

图 9.7(d)是继 22 日台风影响结束后,于 16:12—17:00 BT 探测的层积云回波强度图。当天上午有中雨,午后渐停、转晴。由图中可以看到不均匀的云单体相连,云底发展不平整,另外有少许淡积云。云的回波强度最大为 0 dBZ,最小为 -25 dBZ,平均云层厚度约 1.5 km。

图 9.8 是 2008 年 8 月 22 日上午 08:20—09:56 BT 雷达探测的台风鹦鹉的外围云系(雷达位于台风中心的左前缘)。从图 9.8 可以判断出 0℃ 层亮带的出现,以及 0℃ 层上下粒子碰并增长的特征。下面予以具体分析,首先看图 9.8(a),我们可以把此时一空剖面看作是台风外围南北取向近 300 km 长的云带的西北部云区的雷达反射率强度图,其值在 25～23 dBZ。从垂直结构看,云的回波顶高约为 10 km,顶高最大强度达到 10 dBZ。特别是,该云区中距离地面 5.9 km 高度处存在着一条强度突增的亮带,根据其上下方回波强度的变化,可以初步判断此为雷达 0℃ 层亮带。因为 0℃ 层以上几乎全部为冰晶粒子,它们在下落过程中经过融化层,在冰球外部形成一层水膜,由于水粒子的散射能力大约是单纯冰晶粒子的散射能力的 5

倍,因此在融化层往往会出现回波强度突增的现象。同样,图9.8(b)是雷达垂直向上探测得到的垂直速度信息,云层上部冰晶粒子的垂直速度值几乎为零;在下落过程中,粒子速度慢慢增大至2 m/s;当经过融化层表面覆水、甚至全部融化成水后,速度值突增至8 m/s。图9.8(c)为粒子的谱宽信息,在5.9 km高度以上,冰晶粒子的谱宽很小,不超过0.5 m/s;从该高度往下谱宽迅速增大,最大值达到4 m/s。图9.8(d)为粒子的退偏振因子图,从整体上看,可以非常清楚地看到位于5.9~6.1 km处也与前3幅图对应地存在着一条亮带。结合当日08:00 BT的探空风速资料,初步分析该"亮带"形成原因可能是云层顶部主要存在着微小的冰晶粒子,所以L_{DR}的值很小,平均不超过-23 dB;在冰相粒子下落融化过程中形成了相态混合区,使L_{DR}值明显增大至-10 dB左右;在5.9 km以下,粒子基本融化成水后,会呈现成准椭球/接近球形体,所以L_{DR}值又迅速减小至-25 dB左右。以上分析可以解释图9.8中0℃层亮带的出现。另外,在这次探测过程中,08:38—08:40 BT地面有降水,根据上述讨论,可以认为此次降水具有层状云性质。

综上所述,从雷达回波图上可以清楚地看到各种类型云体的空间结构。这为我们统计分析各种类型云的宏观特性直观地提供了可靠的客观数据基础。另外,我们还可以应用脉冲压缩技术进一步提高雷达的探测能力,但是同时也会带来探测盲区增大的问题,这将使得可观测的低云云底受到限制。

第 10 章　毫米波雷达反演云参数及云和降水微物理结构的初步研究

　　云的微物理特性对其自身的辐射影响起决定性作用,而云的存在严重影响地球的辐射传输(Nicholls,1984),例如:云液态水含量作为重要的云微物理参数,对天气、气候变化、人工影响天气和航天保障以及飞行安全等很多方面都有着重要的影响。研究表明,云粒子有效半径或者云层厚度的细微变化都会导致反照率的极大改变。Slingo(1990)指出层云中云粒子的有效半径发生 2 μm 的变化,其辐射影响的效果相当于同等条件下加倍大气二氧化碳的结果。因此,研究云的微物理特征是非常必要和重要的。

　　早期人们多用被动探测手段研究云内液态水的特性。从 20 世纪 70 年代开始,地基微波辐射计就已经被应用到大气水和云水的探测研究上,Snider(1980)和 Westwater 等(1980)是最早一批参与此方面研究的专家。此外,Greenwald 等(1995)提出如何用微波遥感数据反演云内液态水输送路径;Nakajima 等(1990)给出了用辐射计反演云特性的理论依据;Han 等(1994)推断了近地面水云的有效粒子半径大小。Taylor 等(1995)利用机载红外微波辐射仪数据推导了云的光学厚度和有效粒子半径大小。利用微波辐射计反演云中液态水含量(LWC)的双(多)通道算法已逐步发展成为较精确的反演方法。虽然利用卫星、激光雷达、微波辐射计、机投式探空仪以及云幂测量仪等手段均可以获得一定的云信息,但是这些手段普遍存在着时间分辨率和空间分辨率较低的问题;在一定程度上,它们还不能穿透深厚云体的表层而探测其垂直、水平尺度以及内部结构,特别是,很难准确地反映时刻变化着的云参数信息。

　　随着雷达技术的发展,使用雷达进行云内液态水的主动探测已成为现实。毫米波测云雷达的工作波长主要在毫米波段,它是利用云粒子对电磁波的散射特性,通过对云的雷达回波分析云的宏微观特性。毫米波雷达具有更高的探测精度,它可以探测直径远小于雷达波长的粒子,能探测从直径为几微米的云粒子到弱降水粒子,具有穿透云的能力,能描述云内部的物理结构;并且可以连续监测云的垂直剖面变化,它可以清楚地反映云的水平和垂直空间结构,因此很快就成为了遥感云的有效手段和重要手段。

　　国外在用雷达反演云内液态水、冰水含量研究方面已经有了一定的进展。Atlas(1954)和 Sauvageot 等(1987)在单雷达反演方法方面做出了巨大贡献,他们结合飞机实测谱参数数据,得出雷达反射率因子、粒子有效半径、云内液态水含量三者之间的经验关系,并且提出用 —15 dBZ 作为区分降水粒子和非降水粒子的回波强度阈值。Kropfi 等(1990)利用一部地基 35 GHz 雷达做过类似研究;Frisch 等(1995)观测了大西洋群岛上空的层云;Sassen 等(1996)、Fox 等(1997)也分别用单部雷达总结出了相应的经验关系。Neil(1997)利用 8 mm 地基云雷达探究了层云的云水含量和有效粒子半径大小,得出的参数关系与 Atlas(1954)和 Sauvageot 等(1987)的结果很吻合。Pazmany 等(2001)使用多频雷达发展了反演液态水含量的人工神经网络算法。反演的液态水含量与外场无线电探空仪测量值相对误差在 20% 以下。

Vivekanandan 等(2001)联合 S 波段和 Ka 波段的双波长雷达估算了液态水含量,引入了一个可直接反演的特征尺度有效粒子半径作为中间量。McFarlane 等(2002)发展了一种基于 Bayes 条件概率理论的联合反演云液态水算法。Matrosov(2004)探讨了基于雷达反射率因子的估测海洋性层云含水量的方法,比较了在取不同的降水云与非降水云强度阈值时云内含水量的变化;Austin 等(2001)结合数值模拟方法,发展了利用 CLOUDSAT 卫星上 94 GHz 的云廓线雷达(CPR)数据反演云内液态水含量和有效云粒子半径的算法。黄润恒等(1987)用双波段微波辐射计遥感云天大气的可降水和液态水。魏重等(2001)用地基微波辐射计探测雨天情况下存在的问题,研究了一维雨天大气辐射传输模式下反演的云水总量。在气象毫米波测云雷达的应用方面,国内在初始探索性研究的基础上,近年又在着力发展、力争有所进。魏重等(1985)首次利用毫米波雷达进行了云的观测,由于受到当时毫米波雷达技术、数据采集技术和计算机技术的限制,没有能进行云水含量反演的研究。

在这一章中,介绍了利用我国自主生产的 8.6 mm 波长的地基雷达研究云内液态水、冰水含量和云内粒子相态情况,并且结合 2008 年 5-8 月东莞外场试验资料,给出了初步反演结果;同时,还初步分析了两次云到降水的微物理过程。

10.1 毫米波雷达反演云参数的方法

10.1.1 云水、云冰含量反演方法

根据前人的研究结果,假设云滴谱分布符合对数正态分布形式或者伽玛分布。下面将给出分别在假设对数正态分布和伽玛分布两种情况下,雷达反射率因子、液态水含量以及有效粒子半径各自与云滴谱的关系式。

(a)假设云滴谱分布符合对数正态分布

$$N(r) = N_0 (2\pi)^{-0.5} (\sigma r)^{-1} \exp\{-0.5[\ln(r) - \ln(r_0)\sigma^2]\} \tag{10.1}$$

其中 N_0 为云内粒子数浓度,σ 为谱宽参数,r, r_0 分别为粒子的半径与平均粒子半径。有效粒子半径(r_e)、雷达反射率因子(Z)、云内液态水含量(q_{LWC})与上述滴谱参数之间的关系可以表示为:

$$r_e = r_0 \exp(2.5\sigma^2) \tag{10.2}$$

$$Z = 2^6 N_0 r_e^6 \exp(3\sigma^2) \tag{10.3}$$

$$q_{LWC} = \left(\frac{4}{3}\right) \rho_w \pi N_0 r_e^3 \exp(-3\sigma^2) \tag{10.4}$$

其中,ρ_w 为水的密度。

由(10.2)—(10.4)式计算得到:

$$q_{LWC} = \left(\frac{\pi}{6}\right) \rho_w N_0^{0.5} \exp(-4.5\sigma^2) Z^{1/2} = a_1 (N_0, \sigma) Z^{1/2} \tag{10.5}$$

$$r_e = [2\exp(0.5\sigma^2) N_0^{1/6}] Z^{1/6} = a_2 (N_0, \sigma) Z^{1/6} \tag{10.6}$$

(b)假设云滴谱符合伽玛分布

$$N(D) = AD^\beta \exp(-bD)$$

$$Z = A \frac{(\beta+6)!}{b^{(\beta+7)}} \tag{10.7}$$

同样有：

$$q_{LWC} = \frac{\pi \rho_w}{6} \frac{A(\beta+3)!}{b^{(\beta+4)}}$$ (10.8)

$$r_e = \frac{\beta+3}{b}$$ (10.9)

$$Z = \frac{9}{2\pi^2 k N} \frac{(\beta+6)!}{(\beta+3)!} \frac{1}{(\beta+3)^3} \frac{q_C^2}{\rho_w^2}$$ (10.10)

由此可以看出，Z 正比于 r_e^6，同时 Z 正比于 q_{LWC}^2，两种滴谱分布的假设关系推导出的关系基本一致。

10.1.2　云相态识别方法

图 10.1 给出了结合探空资料，利用新一代毫米波测云雷达识别云内粒子相态的工作流程图。首先由探空资料找出 0℃层和 −14℃层的高度，在 −14℃层以上的云均可以认为完全是冰云状态；然后根据粒子的退偏振因子和垂直速度特征，进一步区分冰云、水云以及混合云。

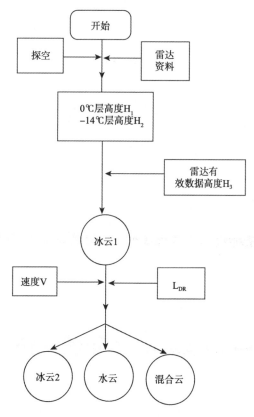

图 10.1　识别云粒子相态的流程

10.2　云参数反演结果个例

图 10.2(a)是 2008 年 6 月 4 日上午 09：40—10：15BT 共 35 min 雷达观测的反射率因子

强度。云底高度在 1.8 km 左右,云层厚度约 900 m,云内粒子的平均回波强度在 −25 dBZ,最大值为 −18 dBZ,最小值为 −40 dBZ,云的顶部和底部发展均匀,符合层云的特征。在 10:00 左右,可以明显看到空中云层逐渐演变为 3 层,云体的平均反射率强度仍然较弱,为 −35 dBZ 左右,上层云体密度较小。由反演结果(图 10.2(b))可以看到,此次过程中云内平均液态水含量在 0.1 g/m³,最大值不超过 0.55 g/m³。

图 10.3(a)是 2008 年 6 月 5 日下午 15:14—15:21 BT 雷达观测的反射率因子强度。与图 10.2 明显不同的是,云底高度达到 7.8 km。云层厚度近 2 km,粒子反射率强度分布均匀,中间一条回波带相对边缘较强,达到 −13 dBZ。云内最小强度为 −20 dBZ。这是一次高层云降水的天气过程,云层顶、底部发展非常平整,本次观测进行不久后,便开始下雨。资料显示云底较高,云内温度均在 −14℃ 以下,因此可以认为云体内全部是冰晶。

图 10.4(a)−(c)是 2008 年 8 月 22 日 08:20—09:00 BT 雷达探测的台风鹦鹉的外围云系的雷达回波强度、速度和退偏振因子。这是在台风外围、南北取向近 300 km 长的云带的北部,其强度在 −25～23 dBZ。从垂直结构看,该云带距离地面 6 km 高度上存在比较明显的 0℃ 层亮带,云的回波顶高约为 10 km,顶高最大强度达到 10 dBZ。该云为典型的积雨云,其内部嵌有正在发展的深对流系统。据此,还可以得到关于云体内的相态分布的图像(图 10.4(d))。

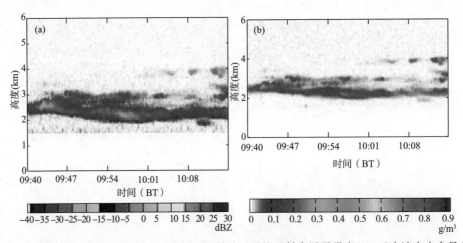

图 10.2 2008 年 6 月 4 日 09:40—10:15 BT 雷达观测的反射率因子强度(a)、云内液态水含量(b)

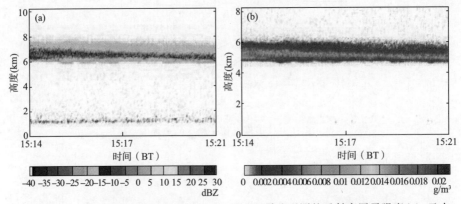

图 10.3 2008 年 6 月 5 日 15:14—15:21 BT 雷达观测的反射率因子强度(a)、云内冰水含量(b)

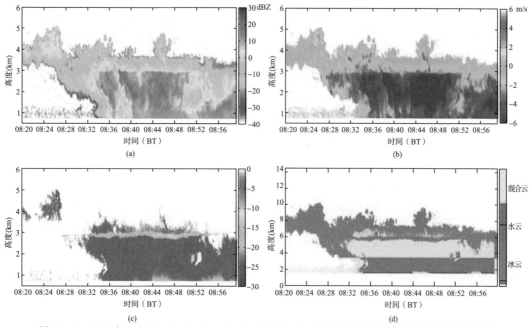

图 10.4　2008 年 8 月 22 日 08:20—09:00 BT 新一代毫米波测云雷达探测得到的回波强度(a)、速度(b)、退偏振因子(c)和雷达识别的粒子相态(d)

10.3　利用新一代毫米波测云雷达研究台风外围云系微物理和动力过程

10.3.1　新一代毫米波测云雷达探测结果

雷达于 2008 年 8 月 22 日东莞植物园观测点从 05:30—19:30 BT 定时观测,下文给出了其中 6 个时间段的观测结果。图 10.5 给出的是分别在 08:20—09:00 BT、13:10—14:00 BT、17:05—17:12 BT、17:19—17:26 BT、17:26—17:33 BT 和 19:07—19:14 BT 共计 6 个时段雷达探测得到的台风反射率强度(a)、径向速度(b)、速度谱宽(c)和退偏振因子(d)的回波图系列。

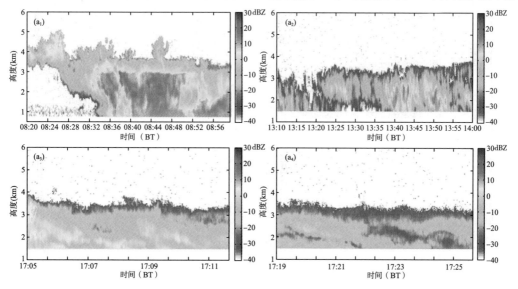

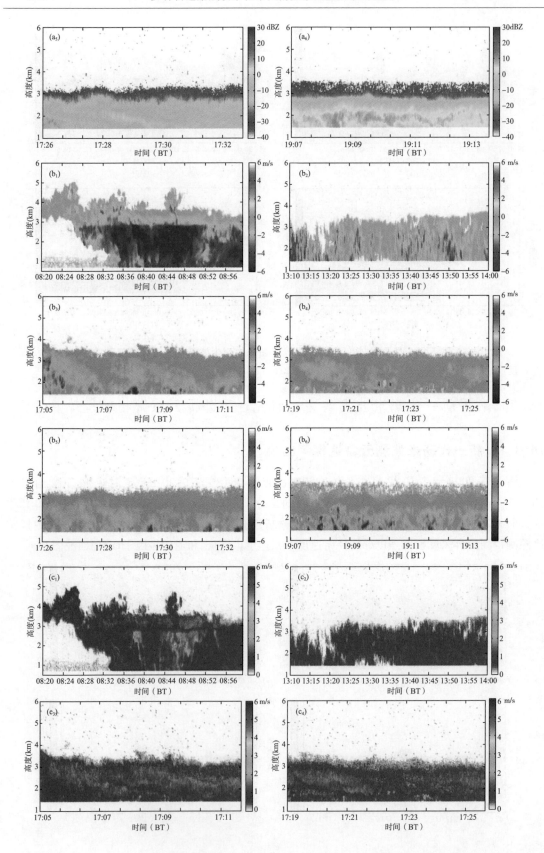

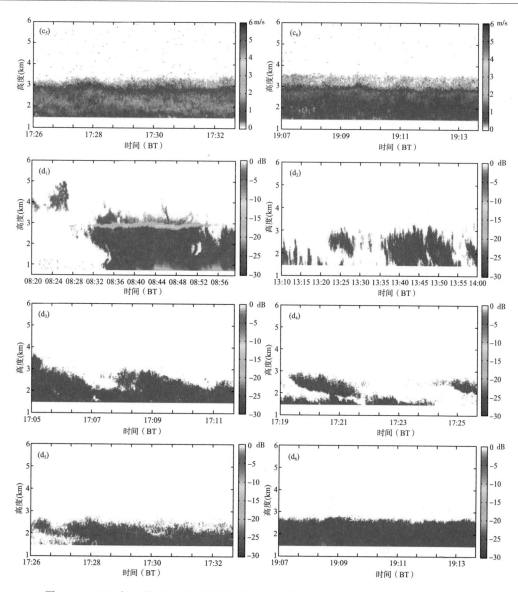

图 10.5 2008 年 8 月 22 日台风"鹦鹉"(Nuri)外围云系演变的回波强度图(a)、径向速度图(b)、速度谱宽图(c)、退偏振因子图(d)

图 10.5(a_1—a_6)是毫米波雷达探测到的雷达反射率强度图。从这 6 个时间段下标(1～6)的图像系列可以清晰地看出云的整体结构变化。回波顶高度在午前较高,平均高度达到 6 km,最大为 8 km,随后慢慢降低至 3.5 km;同样,云体厚度也相应地由 6 km 减小到 2 km。08:20—09:00 BT,云内存在一条 0℃层亮带,位置大致在 5.9 km 高度,此时探测到的最大、最小回波强度分别为 23 dBZ 和 -20 dBZ。在 08:40—08:48 BT,垂直向下的径向速度达到 6 m/s(图 10.5(b_1—b_6)),根据地面站实测资料,此阶段地面出现了毛毛雨,随后天气转晴。在 10:20 BT 左右,雷达探测到了一个晴空区,此时空中云量很少,云层很薄不超过 500 m,与之前不同的是云体内出现了大范围的上升运动,这就为台风进一步发展提供了所需要的水汽输送条件,这样的情况大约维持了 2 h。随后云量又逐渐增多,云体结构演变为 13:20 BT 探测的结

果,此时回波顶高度在 3.5 km,云的强度最大不超过 5 dBZ,距离地面 2.5 km,而近地面强度较小,平均不超过-20 dBZ,这时候云的垂直结构分层很明显,由上至下表现为"弱-强-弱"3 层。再往后,由图 10.5 的变化可以知道,原先处于 2.5 km 高度上的较强的回波中心在不断下移,且强度中心的范围在扩大,云底的强度也在逐渐增大,云整体结构由从上到下的"弱-强-弱"变为"弱-强"两层;回波底部的强度由原来的-20 dBZ 增大至 0 dBZ,相应地从速度图上看,上部较弱的云团基本无上升或下沉运动,而下方发展相对较强的云团以平均 2~3 m/s 的速度向下运动。直至傍晚 19 时(时段 6),近地面 2 km 内的回波强度达到 10~15 dBZ。在该时段,地面的降水由毛毛雨逐渐转为小雨,随后渐大。另外,图 10.5(d_1—d_6)是雷达探测得到的退偏振因子,由于退偏振因子的大小与被探测粒子的形状和相态有极大的关系,因此借助这个参数可以清楚地看到云内冰粒子通过融化层向水粒子转化、发展的过程(这个过程的分析将在下一节详细介绍)。随着降水的不断加强,电磁波的衰减越来越大。因此,雷达在探测完该时段的数据后,停止了当天的观测。从图 10.5(c_1—c_6)可以看出,当降小粒子相态发生变化时,毫米波雷达探测到的粒子下落速度也有明显的变化。

10.3.2　台风外围云系微物理过程的初步分析

人们熟知,雷达回波强度与降水粒子相态、粒子大小和数量的关系密切,相同体积的冰相粒子要比液态粒子的回波强度小很多。另一方面,在水平方向上,粒子形状偏离球形的程度则可以从参数 L_{DR} 得到有益的线索或证明。

作为例子,下面我们具体分析 08:20—08:58 BT 的回波强度、退偏振因子、径向速度和速度谱宽的垂直结构变化,以研究云和降水的相态变化。图 10.6 给出了这一时段回波强度和退偏振因子的垂直廓线,结合图 10.5 中该时段的回波强度和退偏振因子的时间—高度图,我们

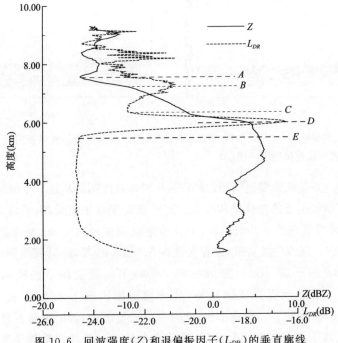

图 10.6　回波强度(Z)和退偏振因子(L_{DR})的垂直廓线

可以比较仔细地分析云系的微物理结构。从回波强度和退偏振因子垂直变化来看,云和降水粒子的变化可以分为如下几个阶段:

(1)$A-B$:Z_H 和 L_{DR} 随着高度的降低而增加,冰相粒子尺度或数量增加,而形状变得更扁;

(2)$B-C$:Z_H 随着高度的降低继续增加,而 L_{DR} 随着高度的降低而减小,冰相粒子尺度或数量增加,而形状开始向球形转化;

(3)$C-D$:冰相粒子开始融化,在冰相粒子表面形成液态水膜,或部分粒子彻底融化为液态粒子,使得回波强度继续增加,而 L_{DR} 也急剧增加。

(4)$D-E$:液态和冰相混合粒子进一步融化,全部形成球形粒子,使 L_{DR} 变小,但回波强度变化不大。到 E 点,冰相粒子已经完全融化,并形成降雨。因随后的回波强度没有出现减小的现象,因此推断,在这一过程中没有形成很大的降水粒子,因为很大的降水粒子的破碎会使回波强度变小。

回波强度在 6 km 高度上有突然增加的现象,而 L_{DR} 也出现了先急增又迅速减小的变化,这明显地反映出了台风外围云系上层的冰相粒子向液态降水的转化,冰相粒子在融化为水云过程中,粒子的介电常数的增加增大了粒子对雷达波的后向散射能力,而通过碰并使粒子尺度增大的过程,又进一步增加了后向散射能量,故回波强度在 0℃ 层亮带处会发生突然增加。另一方面,空气对雨滴阻力的减小、明显地增加了云内降水的下落速度,从径向速度资料可以找出冰相水成物融化为液态水、下落速度明显增大这一事实的线索。与此同时,L_{DR} 突然激增更加明显地反映出了冰相粒子向液态水的转化过程,L_{DR} 这一偏振参量主要反映的是水成物粒子偏离球形粒子的程度,通常在液态降水区中取值都比较小,唯有在液态和固态混合区 L_{DR} 比较大,所以它是反映雷达回波 0℃ 层亮带的最佳参数。

10.3.3　台风外围云系动力过程的初步分析

我们从云和降水的垂直速度及速度谱宽的垂直变化,来分析云和降水的动力过程。为了更好地反映空气的上升速度,我们利用 $Z-V$ 关系计算出了扣除云和降水本身下落速度后的空气的上升速度。我们采用的计算公式是:

$$V_t = -1.5Z^{01.05}\left(\frac{p(h)}{p(0)}\right)^{0.4} \tag{10.11}$$

其中:Z 为回波强度,$p(h)$ 和 $p(0)$ 分别表示在高度 h 和海平面处的气压。

图 10.7 给出了毫米波雷达垂直指向观测的降水粒子的垂直下落速度、气流速度(从雷达观测到的速度中扣除粒子本身相对于空气的下落速度)和速度谱宽的高度—时间图。

从近 40 min 的毫米波雷达观测资料中,我们可以分辨出有 4 个云团先后经过雷达观测点:08:20—08:28 BT 发展到高度近 10 km,最大强度达到 15 dBZ,上升速度为 3 m/s 的对流云 A;08:38 BT 左右,2 km 高度上对应 3～5 m/s 上升气流和凸形云顶的云团 B;08:40—08:52 BT 发展相当成熟、形成弱降水的云团 C;08:52—09:00 BT 与中层上升气流(3 m/s)对应的正在发展的云团 D。其中云团 B 和 C 对应着地面有弱的降水。台风外围云系 0℃ 层附近的气流非常稳定,在 40 min 内基本维持在 0.0 m/s,但是高层的上升气流的变化是非常不均匀的,在层状云上超过 8 km 的云团都对应着比较强的上升气流,0℃ 层以下基本为下沉气流。0℃ 层亮带附近因维持着较稳定的垂直速度,从而造成了较小的速度谱宽;而在上升气流区则存在着明显的速度谱宽大值区,这对应着较强的湍流出现。有意思的是,速度谱宽的最大区往往会出现在强回波区,如:08:38 BT 和 08:47 BT 两个较强的湍流区(速度谱宽超过 4 m/s)分别与较强的两个强回波区对应,同时这两个区也是风垂直切变比较明显的区域。由于涉及的因素较多,所以,在作分析时一定要考虑周全,谨慎下结论。

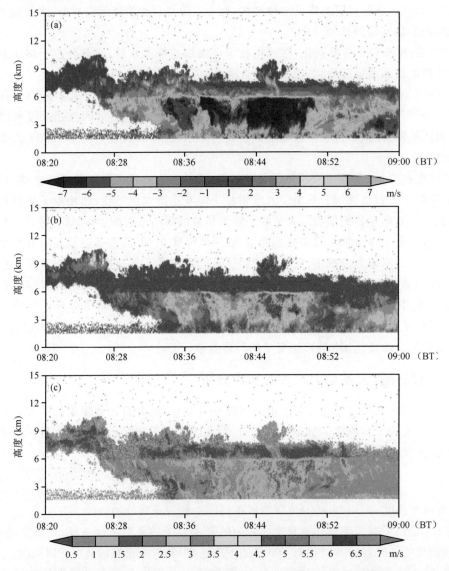

图 10.7　雷达观测的径向速度(a)、扣除粒子下落速度后的气流上升速度(b)和速度谱宽(c)的高度—时间图

　　从垂直速度和速度谱宽廓线资料(图 10.8)可以明显看出:当冰相水成物粒子开始融化时,速度和谱宽资料会有明显的反映;粒子的融化使下落速度和粒子间的相对运动也发生了变化;当粒子融化到一定程度、形状开始向球形变化时(B 点),粒子的下落垂直速度开始变大;当开始碰并时(C 点),速度谱宽达到最小;当粒子进一步融化形成球形液态粒子时,谱宽急剧增大,而粒子的下落速度也增大($D—E$)。

　　分析表明,毫米波雷达可以探测到云内微物理结构变化和降水粒子下落速度的变化,两者变化趋势对应得很好,而且可以用已有的知识来解释。

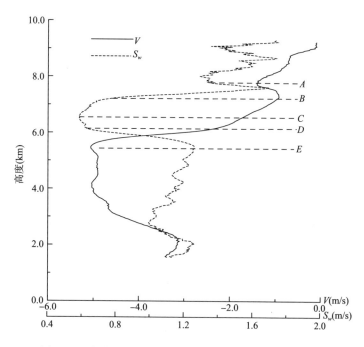

图 10.8　径向速度和速度谱宽的垂直廓线(余同图 10.6)

10.3.4　云和形成弱降水的垂直结构变化分析

为了进一步了解上述个例云和形成弱降水的过程,下文选取了 2008 年 8 月 22 日两次降水过程在不同时段里雷达探测到的各参数的垂直廓线来进行分析。图 10.9(a_1—a_4)—(e_1—e_4)是08:20—19:00 BT 顺序的 5 个时段雷达探测参数的垂直廓线图序列,其中每一时段依次给出了反射率强度、径向速度、速度谱宽和退偏振因子共 4 幅图(每张图显示出两条高度廓线)。由于在 b 时段内地面出现了毛毛雨降水,在 e 时段内地面先出现毛毛雨、随后雨强渐增,根据这样的天气实况,我们将图 10.9 划分为(a_1—a_4)—(b_1—b_4)和(c_1—c_4)—(e_1—e_4)两个过程分别进行分析。

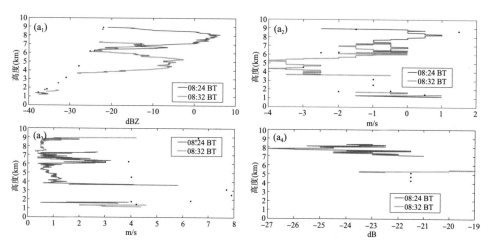

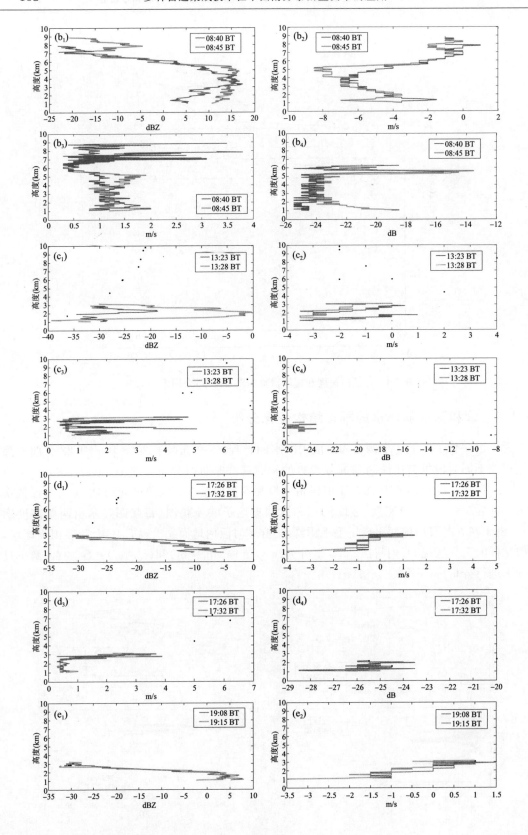

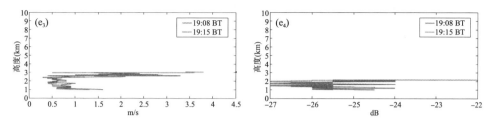

图 10.9　2008 年 8 月 22 日不同时刻的雷达反射率强度(下标 1)、径向速度(下标 2)、速度谱宽(下标 3)和退偏振因子(下标 4)的垂直廓线

(a_1—a_4.08:24 BT,08:32 BT;b_1—b_4.08:40 BT,08:45 BT;c_1—c_4.13:23 BT,13:28 BT;d_1—d_4.17:26 BT,17:32 BT;e_1—e_4.19:08 BT,19:15 BT)

首先看图 10.9(a_1—a_4),这是 2008 年 8 月 22 日 08:24 BT 和 08:32 BT 雷达探测参数的垂直廓线,蓝色表示 08:24 BT,红色表示 08:32 BT。可以看到此阶段云底高度由 8 km 逐渐演变为 3.5 km 左右,而云厚度变化不大,平均维持在 5 km。径向速度由云顶至 5 km 处有明显转换的趋势,直至出现向下 4 m/s 的最大值;之后从上至下又呈现先减后增,于 4.5 km 处又一次达到 4 m/s,往下继续减小;而近地面 1 km 处粒子始终存在向上运动,这说明云层中部已经有少量毛毛雨出现,但由于粒子很小,数量又少,在下落过程中不断蒸发,因此未能下落到达地面。另一方面,这也说明了近地面一直有水汽输送发生,这为后期天气系统的发展提供了良好的水汽条件。综合考虑速度与退偏振因子图,08:24 BT 对应于 5 km 高度,前阶段 L_{DR} 平均值为 −24 dB,反射率强度也很弱,说明此时粒子基本是圆形小粒子,而至 08:32 BT,L_{DR} 明显增大达到 −19 dB,这表明粒子的形状已经有改变,且为非球形;相应地,速度谱宽图也显示后阶段谱宽变大。此阶段近地面的云结构无明显变化。

图 10.9(b_1—b_4)是 08:40BT 和 08:45BT 的 4 个参数廓线图。与图 10.9(a_1—a_4)对比,云厚增大至 8 km,雷达反射率强度随高度降低呈现先迅速增大后慢慢减小的状态,最大值出现在 4~6 km 高度,平均值达 15 dBZ,说明此区域内粒子也在迅速增大。速度图上则反映的是在 6~5.5 km 出现突增,从 5 km 往下又逐渐减小,而在 2 km 又开始缓慢增大,至 1.5 km 停止增大而减小到 1 m/s。这表明近地面有向下运动的粒子即有降水发生,这与实际观测的毛毛雨降水吻合。速度谱宽图上不难发现云的高层(7 km 以上)平均值较大,往下谱宽减小。退偏振因子的大小反映了在 5.6~6 km 高度存在大量的非球形冰晶粒子,这些冰晶不断地融化下落,在 5 km 附近基本完全融化成球形水粒子,因此导致退偏振因子迅速减小。

由图 10.9(a_1—a_4)—(b_1—b_4)参数的变化特征可以看出,这一过程是云顶慢慢降低,云厚度先增大后稳定,粒子不断增长下落,融化再下落,同时低层存在水汽向上层输送,上层粒子再增长、下落形成弱降水的一个过程。

再看图 10.9(c_1—c_4)—(e_1—e_4),这是 2008 年 8 月 22 日 13:20—19:00 BT 不同时刻雷达探测各参数的垂直廓线图。图 10.9(c_1—c_4)、(d_1—d_4)两幅图反映了 13:20—17:30 BT,云顶高度均维持在 4 km 以下,雷达反射率强度平均值在 0 dBZ 以下,谱宽依旧是云中上层较大,下层较小的特征。而近地面 1 km 处的粒子沿雷达径向向下的速度达到 4 m/s,退偏振因子的平均值维持在 −25 dB,这表明此时云中基本都是降水粒子,但地面观测无降水发生。根据雷达反射率强度,推测这可能是由于降水粒子较小,云内部的降水又太弱,这些粒子在到达地面之前已经完全被蒸发掉了。但是,图 10.9(e_1—e_4)中发生了明显变化,首先雷达反射率强度较先前增大，近地面处达到 5～10 dBZ，这说明粒子大小也明显增大，而速度、速度谱宽图特征与图 10.9(d_1—d_4)相似，说明近地面云层内有降水发生，这与实际地面观测资料(先有毛毛雨，随后降水逐渐增强)相吻合。图 10.9(e_1—e_4)与图 10.9(c_1—c_4)、(d_1—d_4)的区别是 10.9(e_1—e_4)的下层云区内粒子足够大，使得降水能够在地面出现。

　　本章概括介绍了遥感云内微物理参数的研究进展；在分别假设云滴谱符合伽马分布和对数正态分布形式的基础上，参考国内外单部雷达反演技术，利用波长 8 mm 的地基毫米波雷达研究了云内液态水、冰水含量和云内粒子相态，结合 2008 年 5～8 月东莞外场试验资料，给出了初步反演结果；并且分析了 8 mm 雷达观测到的台风鹦鹉外围云系的空间结构变化，并进一步详细讨论了云内粒子从冰相逐步转变到液相的这一复杂过程，其中还试图用云内水成物粒子的循环增长、下降以至破碎及形成降雨等来予以解释。得到以下初步结论：

　　(1)该雷达探测的回波强度、径向速度、速度谱宽和退偏振因子的垂直廓线能够明显地分辨出台风外围云系的相态结构、冰相向液态的转化过程和垂直速度的微小变化等云微物理特性和动力特征。从垂直速度和速度谱宽廓线资料的分析表明：冰相粒子开始融化时，速度和速度谱宽资料有明显的反映，粒子的融化使下落速度和粒子间的相对运动也发生了变化；当粒子融化到一定程度、形状开始向球形变化时，粒子的下降速度开始变大；当开始碰并增长时，速度谱宽达到最小；当粒子进一步融化形成球形液态粒子时，速度谱宽急剧增大，而粒子的下落速度也增大。总体来说，毫米波雷达探测到的云微物理结构变化和降水粒子下落速度的变化对应得很好。

　　(2)单毫米波雷达反演云内液水、冰水含量、识别粒子相态的精度有限，对于日常的人工影响天气工作和大尺度天气数值模拟还是可以应用；但是对于小尺度天气预报而言，显然精度是不够的。因此，在今后的研究中需要进一步验证已经取得的初步结果，并且还要综合考虑采用多种探测手段、深入研究。这将有益于推动云参数在云—辐射相互作用、人工影响天气以及空基微波遥感等方面的研究。

第 11 章　总结和讨论

　　本书总结了近几年来我国在新一代天气雷达、双线偏振雷达、毫米波雷达等方面的最新研究成果,主要内容包括:新一代天气雷达资料质量控制和基数据三维拼图方法、风场反演理论和方法、临近预报方法;双线偏振雷达和毫米波雷达定标方法、雷达资料处理方法、云和降水参数反演等方面的工作。书中还介绍了利用双多普勒雷达风场反演方法所分析得到的暴雨、台风风场三维结构。这些成果反映了我国在雷达气象研究方面的最新进展。现归纳总结如下:

　　(1)通过建立适合于我国新一代天气雷达系统的非气象回波识别的隶属函数,形成了基于模糊逻辑的地物和多种电磁干扰识别方法,并应用于新一代天气雷达组网拼图、临近预报等业务系统中,较好地解决了雷达资料受地物回波和电磁干扰影响的问题,明显提高了雷达资料质量。同时,这一工作也为晴空回波、海浪和其他非气象回波的识别奠定了基础。地物回波识别和多种干扰回波的识别算法已经被应用到灾害性天气短时临近预报系统、新一代天气雷达业务系统、雷达资料同化系统中。

　　(2)在新一代天气雷达基数据质量控制、定量估测降水、风场反演和基数据拼图等方面的研究成果基础上,研制的新一代天气雷达基数据质量控制和三维拼图软件系统,使我国新一代天气雷达应用从图像拼图跨入到三维数据拼图,形成覆盖较大区域的三维网格点数据。在此基础上,计算各种重要的气象要素,包括组合反射率因子、回波顶高、累积液态含水量等基本物理量,该软件系统还实现了利用双多普勒雷达联合风场反演技术和单部雷达的两步三维变分风场反演技术,每 5 min 输出水平分辨率为 1～2 km、垂直分辨率为 0.5 km 的三维风场资料。该系统已经被应用到 2008 年北京奥运会、2010 年上海世博会等重大活动气象保障及临近预报系统中。

　　(3)开展了基于最大相关系数的雷达回波跟踪方法和基于 K-Means 的层级聚类方法在暴雨和台风临近预报中的应用研究。针对我国暴雨天气的主要特点,对 TREC 方法中参数的选取进行了分析,提出了该技术在我国暴雨临近预报中的最优参数配置,并对移动矢量场进行了连续性检查,有效地去除了杂乱矢量;分析了雨强、回波强度 CAPPI 及组合反射率因子 3 种物理量的跟踪、预报结果。将分层的 K-Means 聚类方法应用于雷达回波的分割,实现暴雨回波的多尺度识别,利用观测资料,对识别结果的稳定性、合理性进行分析,考察了聚类分析对雷达回波的识别能力。

　　(4)在详细对比和分析了不同波段双线偏振雷达资料的基础上,提出了双线偏振雷达综合仪器定标和用气象目标对不同通道进行测试的方法,在国内技术尚未完全成熟的条件下,较好地解决了"双发双收"体制下带来的资料误差问题,减小了不同信噪比的差分反射率因子系统误差;确定了双线偏振雷达探测的两个关键参数(差传播相移率(K_{DP})和水平垂直回波相关系数(ρ_{HV}))的使用范围;形成了一套从双线偏振雷达资料处理、质量控制到降水估测、降水相态识别、雨滴谱参数反演方案。为灾害天气中尺度结构研究和预警提供了新的信息。

（5）开展了毫米波测云雷达测试、定标方法、资料质量控制和云参数反演方法研究，并利用该雷达进行了云和弱降水垂直结构的观测试验。该毫米波测云雷达通过采用距离压缩和相干累计等先进的技术，实现了最小可探测回波强度为－40 dBZ 的探测目标，探测云和弱降水的能力及其探测垂直结构的能力明显高于新一代天气雷达。毫米波雷达观测的回波强度和退偏振因子的垂直变化揭示了云系降水粒子从冰相转化为液态水的过程，垂直速度和速度谱宽资料揭示了层状云系中对流泡上的小尺度上升气流和比较强的湍流过程。

（6）利用 MUSCAT 技术进行双多普勒雷达三维风场反演，分析得到我国南方几类中尺度暴雨系统的三维结构特征，分析了中低层 β 中尺度辐合线对于水汽输送以及强暴雨的形成、触发、维持的作用。提出了单多普勒雷达资料反演三维风场的两步变分法，较好地解决了两次体扫之间的时间间隔比较长、体扫观测的资料空缺区等对风场反演影响的问题。将两步变分方法进一步改造，使之能同时利用多部雷达的观测资料反演风场，该方法与新一代天气雷达三维拼图系统的成功连接，实现了三维风场拼图功能。

参考文献

曹俊武,刘黎平,葛润生.2005.模糊逻辑方法在双线偏振雷达识别降水粒子相态中的研究.大气科学,**29**(5)：827-836.

陈家慧,张培昌.2000.用天气雷达回波资料作临近预报的BP网络方法.南京气象学院学报,**23**(2):284-287.

古金霞,顾松山,陈钟荣等.2005.双多普勒天气雷达反演大气三维风场的个例研究.南京气象学院学报,**28**(6):833-839.

何宇翔,肖辉,杜秉玉等.2005.双多普勒雷达反演强风暴三维风场的数值试验.南京气象学院学报,**28**(4)：461-467.

黄润恒,邹寿祥.1987.两波段微波辐射计遥感云天大气的可降水和液态水.大气科学,**11**(4):397-403.

刘黎平,葛润生,张沛源.2002.双线偏振多普勒天气雷达遥测降水强度和液态含水量的方法和精度研究.大气科学,**26**(5):709-720.

刘黎平,钱永甫,王致君.1996.用双线偏振雷达研究云内粒子相态及尺度的空间分布.气象学报,**54**(50)：590-599.

刘黎平,王致君.1996.双线偏振雷达探测的云和地物回波的特性及其识别方法.高原气象,**15**(3):303-310.

刘黎平,吴林林,杨引民.2007.基于模糊逻辑的分步式超折射地物回波识别方法的建立和效果分析.气象学报,**65**(2):252-260.

刘黎平.2003.用双多普勒雷达反演降水系统三维风场的实验研究.应用气象学报,**14**(4):502-504.

刘舜,邱崇践.2003.双Doppler雷达非同时性资料反演三维风场的改进方案.高原气象,**22**(4):329-336.

邵爱梅,乔小湜,邱崇践.2009.VAD技术反演水平风廓线的质量控制标准.兰州大学学报(自然科学版),**45**(3):57-64.

孙建华,周海光,赵思雄.2006.2003年7月4～5日淮河流域大暴雨中尺度对流系统的观测分析.大气科学,**30**(6):1103-1118.

陶祖钰,田佰军,黄伟.1994."9216"号台风登陆后的不对称结构和暴雨.热带气象学报,**10**(1):69-77.

陶祖钰.1992.从单Doppler雷达速度场反演矢量场的VAP方法.气象学报,**50**(1):81-90.

万齐林,薛纪善,庄世宇.2005.多普勒雷达风场信息变分同化的试验研究.气象学报,**63**(2):129-145.

王红艳,刘黎平,王改利,等.2009.多普勒天气雷达三维数字组网系统开发及应用,应用气象学报,**20**(2):214-224.

王立轩,葛润生,秦勇.2001.新一代天气雷达的自动标校技术.气象科技,**29**(3):26-29.

王致君,楚荣忠.2007.X波段双通道同时收发式多普勒偏振天气雷达.高原气象,**26**(1):135-140.

魏重,雷恒池,沈志来.2001.地基微波辐射计的雨天探测.应用气象学报,**12**(增):65-72.

魏重,林海,忻妙新.1985.毫米波气象雷达的测云能力.气象学报,**43**(3):378-383.

肖艳娇,刘黎平.2006.新一代天气雷达组网资料的三维格点化及拼图方法研究.气象学报,**64**(5):647-656.

许焕斌.1997.湿中性垂直运动条件和中—β系统的形成.气象学报,**55**(5):602-610.

张志强,刘黎平,谢明元,等.2007.CINRAD三维拼图显示系统.气象,**33**(9):19-24.

赵思雄,陶祖钰,孙建华,等.2004.长江流域梅雨锋暴雨机理的分析研究.北京：气象出版社,282pp.

周海光,王玉彬.2002a.多部多普勒雷达同步探测三维风场反演系统.气象,**28**(9):7-11.

周海光,王玉彬. 2003. 一次梅雨锋降水系统三维风场双、三雷达对比研究. 气象,**29**(5):13-17.

周海光,王玉彬. 2004. 双多普勒雷达对淮河流域特大暴雨的风场反演. 气象,**30**(2):17-20.

周海光,王玉彬. 2005a. 2003 年 6 月 30 日梅雨锋大暴雨 β 和 γ 中尺度结构的双多普勒雷达反演. 气象学报,**63**(3):301-312.

周海光,张沛源. 2002b. 笛卡儿坐标系的双多普勒天气雷达三维风场反演技术. 气象学报,**60**(5):585-593.

周海光,张沛源. 2005b. 一次局地大暴雨三维风场的双多普勒雷达探测研究. 大气科学,**29**(3):372-386.

周海光. 2007. 6.12 华南局地暴雨中 β 和 γ 结构的双多普勒雷达反演试验. 热带气象学报,**23**(2):117-125.

周海光. 2008. 用双多普勒天气雷达资料研究暴雨三维风场结构. 气象科学,**28**(6):630-636.

周海光. 2009. 2008 年 8 月 1—2 日滁州特大暴雨双多普勒雷达三维风场反演试验的初步结果. 高原气象,**28**(6):1422-1433.

Andersson T. 1998. VAD winds from C band Ericsson Doppler weather radars. *Meteor. Zeitschrift.* **7**: 309-319.

Andsager K,Beard K V,Laird N F. 1999. Laboratory measurements of axis ratios for large raindrops. *J. Atmos. Sci.* ,**56**:2673-2683.

Armijo L. 1969. A theory for the determination of wind and precipitation velocities with Doppler radar. *J. Atmos. Sci.* , **26**(3):570-573.

Atlas D. 1954. The estimation of cloud parameters by radar. *J. Meteor.* , **11**:309-317.

Austin R T,Stephens G L. 2001. Retrieval of stratus cloud microphysical parameters using millimeter-wave radar and visible optical depth in preparation for CloudSat. 1: Algorithm for simulation. *J. Geophys. Res.* , **106**:28233-28242.

Battan L J. 1953. Duration of convective radar cloud units. *Bull. Amer. Meteor. Soc.* , **34**:227-228.

Battan L J. 1959. *Radar Meteorology*. Chicago:The University of Chicago Press.

Bousquet O,Chong M. 1998. A multiple-Doppler synthesis and continuity adjustment technique (MUSCAT) to recover wind components from Doppler radar measurement. *J. Atmos. Oceanic Technol.* **13**:343-359.

Brandes E A, Ryzhkov C E and Zrnic D S. 2001. An evaluation of radar rainfall estimates from specific differential phase. *J. Atmos. Oceanic Technol.* , **18**:363-375.

Brandes E A,Zhang G,and Vivekanandan J. 2004. Comparison of polarimetric radar drop size distribution retrieval algorithms. *J. Atmos. Oceanic Technol.* ,**21**:584-598.

Bringi V N,Chandrasekar V,Balakrishnan N,*et al*. 1990. An examination of propagation effects in rainfall on polarimetric variables at microwave frequencies. *J. Atmos. Oceanic Technol.* ,**7**:829-840

Browning K A, Wexler R. 1968. The determination of kinematic properties of a wind field using Doppler radar. *J. Appl. Meteor.* , **7**:105-113.

Chandrasekar V,Gorgucci E,Baldini L. 2002. Evaluation of polarimetric radar-rainfall algorithms at X-band. Proc. Second European Conf. on Radar Meteorology,Delft,Netherlands,European Meteorological Society,277-281.

Ciffelli R,Rutledge S A,Boccippio D J,*et al*. 1996. Horizontal divergence and vertical velocity retrievals from Doppler radar and wind profiler observations. *J. Atmos. Ocean Technol.* , **13**:948-996.

Cotton W R Grasso L D. 1996. The predictability of severe/tornadic supercell thunderstorms. *Preprints.* 18th *Conf. Severe Local Storm.* San Francisco CA:Amer. Meteor. Soc. , 381-384.

Dixon M,Wiener G. 1993. Thunderstorm Indetification,tracking,analysis,and nowcasting — A radar-based methodology. *J. Atmos. Oceanic Technol.* , **8**:467-476.

Doviak R J,Bringi V,Ryzhkov A,*et al*. 2000. Consideration for polarimetric upgrades to operational WER-88D radars. *J. Atmos. Oceanic Technol.* , **17**:257-277.

Foote G B, Mohr C G. 1979. Results of a randomized hail suppression experiment in northeast Colorado. Part VI: Post hoc stratification by storm type and intensity. *J. Appl. Meteor.*, **18**: 1589-1600.

Fox N I. Illingworth A J. 1997. The retrieval of stratocumulus cloud properties by ground-based cloud radar. *J. Appl. Meteor.*, **36**: 485-492.

French M, Krajewski W, Cuykendall. 1992. Rainfall forecasting in space and time using a neural network. *J. Hydrology*, **137**: 1-31.

Frisch A S, Fairall C W, Snider J B. 1995. Measurement of stratus cloud and drizzle parameters in ASTEX with a Ka-band Doppler radar and a microwave radiometer. *J. Atmos. Sci.*, **52**: 2788-2799.

Fulton R A, Breidenbach J P, Seo D J, et al. 1998. The WSR-88D rainfall algorithm. *Wea Foreca*, **13**: 377-395.

Gal-Chen T. 1978. A method for the initialization of the anelastic equations: Implications for matching models with observations. *Mon. Wea. Rev.*, **106**: 587-606.

Gorgucci E, Chandrasekar V, Bringi V N, et al. 2002. Estimation of raindrop size distribution parameters from polarimetric radar measurements. *J. Atmos. Sci.*, **59**: 2373-2384.

Gorgucci E, Scarchilli G, Chandrasekar V, and Bringi V N. 2001. Rainfall estimation from polarimetric radar measurements: Composite algorithms independent of raindrop shape-size relation. *J. Atmos. Oceanic Technol.*, **18**: 1773-1786.

Gorgucci E, Scarchilli G, Chandrasekar V, et al. 2000. Measurement of mean raindrop shape from polarimetric radar observations. *J. Atmos Sci.*, **57**: 3406-3413.

Greenwald T J, Stephens G L, Cristopher S A, et al. 1995. Observations of the global characteristics and regional radiative effects of marine cloud liquid water. *J. Clim.*, **8**: 2928-2946.

Hamazu, et al. 2003. A 35-GHz Scanning Doppler radar for fog observations. *J. Atmos. Ocean Technol.*, **20**: 972-986.

Han Q, Rossow W B, Lacis A A. 1994. Near global survey of effective droplet radii in liquid water clouds using ISCCP data. *J. Clim.*, **7**: 465-497.

Hilst G R, Russo J A. 1960. An objective extrapolation technique for semi-conservative fields with an application to radar patterns. Tech. Memo. No. 3, Contract AF30-635-14459, The Travelers Weather Research Center, Inc.

Hubbert J, Bringi V N. 1995. An iterative filtering technique for the analysis of copolar differential phase and dualfrequency polarimetric variables. *J. Atmos. Oceanic Technol.*, **12**: 643-648.

Johnson J, Mackeen A, Witt E M, et al. 1998. The storm cell identification and tracking algorithm: An enhanced WSR-88D algorithm. *Wea. Foreca.*, **13**: 263-276.

Joss J, Lee R W. 1995. The application of radar-gauge comparisons to operational precipitation profile corrections. *J. Appl. Meteor.*, **34**: 2612-2630.

Keenan T D, Carey L D, Zrnic' D S, et al. 2001. Sensitivity of 5-cm wavelength polarimetric radar variables to raindrop axial ratio and drop size distribution. *J. Appl. Meteor.*, **40**: 526-545.

Kessinger C, Ellis S, Vanandel J, et al. 2003. The AP clutter mitigation scheme for the WSR-88D// *Preprints of 31st conference on radar meteorology*. Seattle Washington: Amer. Meteor. Soc.. 526-529.

Koscielny A J, Doviak R J, Rabin R. 1982. Statistical considerations in the estimation of divergence from single-Doppler radar and application to prestorm boundary-layer observations. *J. Appl. Meteor.*, **21**(2): 197-210.

Kropfli, Bartram B W, Matrosov S Y. 1990. The upgraded WPL dual-polarization 8-mm-wavelength Doppler radar for microphysical and climate research// *Preprints of Conference on Cloud Physics*. San Francisco, CA: Amer. Meteor. Soc.. 341-345.

Kuo Y H,Wang W. 1996. Simulations of a prefrontal rainband observed in TAMEX IOP 13. *Prints of Seventh Conf. on Mesoscale Process*. Reading,United Kingdom:Amer. Meteor. Soc.. 335-338.

Lakshmanan V. 2001. A heirarchical, multiscale texture segmentation algorithm for real-world scenes. PhDthesis, University of Oklahoma, Norman, OK.

Lakshmanan V,Rabin V R,DeBrunner V. 2000. Identifying and tracking storms in satellite images//*Second Artificial Intelligence Conference*. Long Beach,CA:Ameri Meteor Soc. 90-95.

Lakshmanan V. 2001. A hierarchical multiscale texture segmentation algorithm for real-world scenes. Norman,Oklahoma:Degree of Doctor.

LeDimet F X,Talagrand O. 1986. Variational algorithms for analysis and assimilation of meteorological observations:Theoretical aspects. *Tellus*, **38**A:97-111.

Li L,Schmid W,Joss J. 1995. Nowcasting of motion and growth of precipitation with radar over a complex orography. *J. Appl. Meteor.*, **34**:1286-1300.

Li N,Wei M,Tang X W,*et al*. 2007. An improved velocity volume processing method. *Adv. Atmos. Sci.*, **24**(5):893-906.

Li P W,Wong W K,Chan K Y,*et al*. 2000. SWIRL — San evolving nowcasting system. Technical Note. No.100.

Matrosov S Y,Clark K A,Martner B E,*et al*. 2002. X-band polarimetric radar measurements of rainfall. *J. Appl. Meteor.*,**41**:941-952.

Matrosov S Y,David E K,Brooks E M,*et al*. 2005. The utility of X-band polarimetric radar for quantitative estimates of rainfall parameters. *J. Hydrometeor*,**6**:248-262.

Matrosov S Y. 2004. Attenuation-based estimates of rainfall rates aloft with vertically pointing K_a-band radars. *J. Atmos. Oceanic Technol.*, **22**(1):43-54.

McCann D. 1992. A neural network short-term forecast of significant thunderstorms. *Wea. Foreca.*, **7**:525-534.

McFarlane S A,Evans K F,Ackerman A S. 2002. A Bayesian algorithm for the retrieval of liquid water cloud properties from microwave radiometer and millimeter radar data. *J. Geophys. Res.*, **107**:AAC12.1-AAC12.23.

Mead J B,McIntosh R E,Vandemark D,*et al*. 1989. Remote sensing of clouds and fog with a 1.4 mm radar. *J. Atmos. Oceanic Technol.*, **6**:1090-1097.

Melnikov V M,Zrinic D S,Doviak R J,*et al*. 2003. Calibration and performance analysis of NSSL′s ploarimetric WSR-88D. Norman,OK:Report of the National Severe Storm Lab.

Mueller C,Saxen T,Roberts R,*et al*. 2003. NCAR auto-nowcast system. *Wea. Foreca.*, **18**:545-561.

Nakajima T,King M D. 1990. Determination of the optical thickness and effective particle radius of clouds from reflected solar radiation measurements. Part I:Theory. *J. Atmos. Sci.*, **47**:1878-1893.

Neil Fox,Illingworth A J. 1997. The retrieval of stratocumulus cloud properties by ground-based cloud radar. *J. Appl. Meteor.*, **36**(5):485-492.

Nicholls S. 1984. The dynamics of stratocumulus:Aircraft observations and comparisons with a mixed layer model. *Quart. J. Roy. Meteor. Soc.*, **110**:783-820.

O′Connor E J,Illingworth A J,Hogan R J. 2004. Retrieving stratocumulus drizzle parameters using Doppler radar and Lidar. *J. Appl. Meteor.*, **44**:14-27.

Pamment J A,Conway B J. 1998. Objective identification of echoes due to anomalous propagation in weather radar data. *J. Atmos. Oceanic. Technol.*, **15**:98-113.

Pazmany A L,Mead Steve J B,Sekelsky M,*et al*. 2001. Multi-frequency radar estimation of cloud and precipitation properties using an artificial neural network. //*Preprint of* 30*th International Conference on Radar Meteorology*. 154-156.

Qiu C J, Shao A M, Liu S, *et al*. 2006. A two-step variational method for three-dimensional wind retrieval from single Doppler radar. *Meteor Atmos Phys*, **91**: 1-8.

Qiu C J, Xu Q. 1992. A simple adjoint method of wind analysis for single-Doppler data. *J. Atmos. Oceanic Technol*. , **9**: 588-598.

Qiu C J, Xu Q. 1996. Least-square retrieval of microburst winds from single-Doppler radar data. *Mon. Wea. Rev*. , **124**: 1132-1144.

Rinehart R, Garvey E. 1978. Three-dimensional storm motion detection by conventional weather radar. *Nature*, **273**: 287-289.

Ryzhkov A V, Zrnic D S. 1996. Assessment of rainfall measurement that uses specific differential phase. *J. Appl. Meteor*. , **35**: 2080-2090.

Ryzhkov A V, Zrnic D S. 1998. Polarimetric Rainfall Estimation in the Presence of Anomalous Propagation. *J. Atmos Oceanic Technol*, **15**: 1320-1330

Sachidananda M, Zrnic D S. 1986. Differential propagation phase shift and rainfall rate estimation. *Radio Sci*. , **21**: 235-247.

Sassen K, Liao L. 1996. Estimation of cloud content by W-band radar. *J. Appl. Meteor*. , **35**: 932-93.

Satoru K, Hiroshi K, Hiroshi K. 2002. A proposal of pulse-pair Doppler operation on spaceborne cloud-profiling radar in the W-band. *J. Atmos. Oceanic Technol*. , **19**: 1294-1306.

Sauvageot H, Omar J. 1987. Radar reflectivity of cumulus clouds. *J. Atmos. Oceanic Technol*. , **4**: 264-272.

Seliga, T A and Bringi V N. 1976. Potential use of radar differential reflectivity measurements at orthogonal polarization for measuring precipitation, *J. Appl. Meteor*. , **15**: 69-76.

Seliga, T A and Bringi V N. 1978. Differential reflectivity and differential phase shift, *Radio Sci*. , **13**: 271-275.

Shao A M, Qiu C J, Liu L P. 2004. Kinematic structure of a heavy rain event from dual-Doppler radar observations. *Adv. Atmos. Sci*. , **21**(4): 609-616.

Slingo A. 1990. Sensitivity of the earth's radiation budget to changes in low clouds. *Nature*, **343**: 49-51.

Snider J B. 1980. Comparision of cloud liquid content measured by two independent ground2based systems. *J. Appl. Meteor*. , **19**: 577-579.

Steiner M, Smith J A. 2002. Use of three-dimensional reflectivity structure for automated detection and removal of nonprecipitating echoes in radar data. *J. Atmos. Oceanic Technology*, **19**: 673-686.

Sun J, Crook N A. 1997. Dynamical and microphysical retrieval from Doppler radar observations using a cloud model and its adjoint. Part I: Model development and simulated data experiments. *J. Atmos. Sci*. , **54**: 1642-1661.

Sun J, Flicker D W, Lilly D K. 1991. Recovery of three-dimensional wind and temperature fields from simulated Doppler radar data. *J. Atmos. Sci*. , **48**: 876-890.

Tao Z Y. 1994. Error comparision of wind field retrieval from single and dual Doppler radar observations. *Acta Meteorologic Sinica*, **8**(3): 337-345.

Taylor J P, English S J. 1995. The retrieval of cloud radiative and microphysical properties using combined near-infrared and microwave radiometry. *Quart. J. Roy. Meteor. Soc*. , **121**: 1083-1112.

Tsonis A A, Austin G L. 1981. An evaluation of extrapolation techniques for the short-term prediction of rain amounts. *Atmos. Ocean*, **19**: 54-65.

Tuttle J D, Foote G B. 1990. Determination of the boundary layer airflow from a single Doppler radar. *J. At-*

mos. Oceanic Technol. , **7**(2):218-232.

Ulbrich C W. 1983. Natural variations in the analytical form of the raindrop size distribution. *J. Appl. Meteor.* ,1983,**22**:1764-1775.

Vivekanandan J, Zhang G,Politovich M K. 2001. An assessment of droplet size and liquid water content derived from dual-wavelength radar measurements to the application of aircraft icing detection. *J. Atmos. Oceanic Technol.* , **18**:1787-1798.

Waldteufel P,Corbin H. 1979. On the analysis of single Doppler radar data. *J. Appl. Meteor.* , **18**:532-542.

Warner T. 2000. Prediction of a flash flood in complex terrain,Part I:A comparison of rainfall estimates from radar,and very short range rainfall simulations from a dynamic model and an automated algorithmic system. *J. Appl. Meteor.* , **39**:797-814.

Westwater E R,Guiraud F O. 1980. Ground-based microwave radiometric retrieval of precipitable water vapor in the presence of clouds with high liquid content. *Radio Sci.* , **15**:947-952.

Wilson J W,Crook N A,Mueller C K,*et al.* 1998. Nowcasting thunderstorm:A status report. *Bull. Amer. Meteor. Soc*, **79**:2079-2099.

Wilson J W. 1966. Movement and predictability of radar echoes. Tech Memo ERTM-NSLL-28. Normanm, OK:National Severe Storms Laboratory.

Xu Q,Qin C J,Gu H D,*et al.* 1995. Simple adjoint retrieval of microburst winds from single-Doppler radar data. *Mon. Wea. Rev.* , **123**(6):1822-1833.

Zawadzki I, Ostiguy L, Laprise R. 1993. Retrieval ofthe microphysical properties in a CASP storm by integrationof a numerical kinematic model. *Atmos. Ocean*, **31**: 201-233.

Zhou H G. 2009. Study on the mesoscale structure of the heavy rainfall on Meiyu front with dual-Doppler radar. *Atmospheric Res.* , **93**(1-3):335-357.

Zrnic D S,Balakrishnan N,Ziegler C L,*et al.* 1993. Polarimetric signatures in the stratiform region of mesoscale convective system. *J. Appl. Meteor.* , **32**:678-691.

Zrnic D S,Ryzhkov A. 1996. Advantages of rain measurements using specific differential phase. *J. Atmos. Oceanic Technol.* , **1**:454-464.

Zrnic' D S,Keenan T D,Carey L D,and May P. 2000. Sensitivity analysis of polarimetric variables at a 5-cm wavelength in rain. *J. Appl. Meteor.* ,**39**:1514-1526.